KB269837

정말 쉬운
수학책
1
수

살림Math

수학에 한 맺힌 학생들을 위하여

이야기를 시작하기 전에 우선 한 가지 사실을 밝혀 두려고 합니다. 이 책은 수학에 한 맺힌 학생들을 위해 쓰인 것입니다. 한은 억울해서 맺히는 것입니다. 왜 억울할까요? 그 이야기를 조금 넋두리 삼아 해 보지요.

세상에는 여러 종류의 사람들이 있습니다. 그중에는 애당초 어렸을 때부터 셈을 좋아하고 계산을 좋아하는 아이들이 있는데, 사실 그런 아이들은 아주 극소수이지요. 이 친구들은 대개 수학을 잘하고 또 좋아합니다. 그러니 한이 맺힐 일도 없습니다. 또 한 종류의 학생들, 흔히 모범생으로 불리는 아이들이 있습니다. 이 아이들은 사실 수학을 좋아하지도 않고, 수학 때문에 골치가 아프지만 부모님께 칭찬도 듣고 싶고, 또 수학은 해야 하니까 열심히 공부합니다. 그래서 아주 비범하지는 않더라도 성적은 늘

90점 이상을 오르내립니다. 이들은 인내심을 가지고 수학 성적을 올려가는 학생들이니 이 역시 한이 맺힐 이유는 없다고 하겠습니다.

문제는 바로 그 여집합에 속하는 학생들입니다. 그러니까 초등학교 때까지는 그럭저럭 괜찮았지만 중학교에 들어가면서부터 수학 공부가 너무나 고통스러워 결국 수학을 포기하였고, 그 대가로 선생님과 부모님의 질타와 비난 속에서 하루하루를 힘겹게 살아가는 대다수의 학생들이지요. 아마 이들의 마음속에는 응어리 같은 것이 맺혀 있을 겁니다. 그게 바로 수학에 맺힌 한입니다. 바로 필자의 딸처럼 수학을 하려면 머리에 쥐가 나고 속이 답답해져서 시원한 음료수를 마셔야 하며, 중간 중간에 큰 볼륨으로 발라드, 록, CCM 등 장르를 불문하고 음악을 들어야 하는 아이들이 그런 한을 가지고 있습니다. 이들은 "나는 수학에 재능이 없는 체질이야"라고 주장하는 학생들이지요.

한은 억울할 때 맺힌다고 방금 말했습니다. 공부 안 해서 성적이 나오지 않는 것이고, 성적이 나오지 않아서 야단을 맞는 것인데 왜 억울하고 한이 맺히냐고요? 조금 더 이야기를 들어 보세요.

조금 딴소리 같지만 제 친구 중 하나는 영어 회화를 기가 막히게 잘합니다. 그 친구가 원래부터 영어를 잘했냐면 또 그건 아닙니다. 대학교 1학년 때는 저와 비슷했습니다. 그런데 1년이 지난 뒤 영어 실력을 비교해 보니 엄청나게 차이가 나기 시작했어요. 저는 친구에게 "비결이 뭐냐?"고 넌지시 물었지요. 친구는 대답했습니다. "응~, 우리나라에서 개봉하지 않는 할리우드 영화를 보고 싶었거든. 내가 스크린 마니아잖아! 그래서 열심히 영화를 보게 되었고, 재미있는 영화는 거듭 반복해서 보다 보니 나중에는 대사가 절로 외워지더라. 특별한 비법은 없어. 영화의 주인공처럼 말해 보려고 자꾸 듣다 보니까 말이 되던데 뭐!"

그렇습니다! 바로 이겁니다. 영어가 내 삶을 풍요롭게 하는 데 꼭 필요하다는 것을 아는 순간 실력은 팍팍 늘어갑니다. 주변머리 없는 필자처럼 그저 막연히 '영어 좀 잘했으면 좋겠다' 는 생각만 해 가지고서는 회화 테이프와 CD를 아무리 많이 사서 쌓아 놓아도 좀처럼 실력이 늘지 않는 법이지요. 예상하시다시피 저는 영어학원에 등록을 하고서도 한두 달 다니다가는 곧 싫증나서 그만두곤 했답니다.

근데 그게 수학 공부와 무슨 상관이 있냐고요? 상관이 있습니다. 많은 학생들이 수학에 한이 맺히는 이유는 바로 제가 영어 회화를 공부하듯이 수학 공부를 해 왔기 때문입니다. 수학의 각종 지식이 도대체 어디에 쓰이는지도 모르는 채 어려운 공식을 외고 복잡한 계산을 풀어야만 했다는 것이지요. '그냥 더하기 빼기만 할 줄 알면 세상 사는 데 아무 지장 없는데, 도대체 왜 수학을 배워야 하는 거야?' 이런 의문이 생깁니다. 또 오랜 인류의 역사를 거치면서 수학이 태동하고 발전하는 과정과 그 속에서 여러 수학자들이 경험한 희노애락에 대해서는 알지도 못한 채, 무작정 추상적이고 상징적인 기호로 이루어진 수학 교과서를 공부해야만 했지요. 따라서 다혈질인 아이들은 "이 골치 아픈 수학은 도대체 어떤 X이 만든 거야?" 하는 울분을 터뜨립니다.

우리 딸아이는 오늘도 그렇게 수학을 만든 사람을 원망하면서 엄마가 지키고 앉아 있으니까 할 수 없이 문제를 푸는 아이랍니다. 그럼 저는 왜 딸아이에게 진작 설명을 안 했느냐고요? 제 말 좀 들어 보세요. 우리 속담에 '아 다르고 어 다르다' 라는 말이 있습니다. 수학박사인 엄마이지만 딸아이는 집에서 엄마가 하는 이야기를 권위가 별로 없는 잔소리로 듣기 때문이지요. 또 분위기를 잡아서 수학 이야기를 풀어 가려 해도 어느새 딸아이는 말꼬리를 잡아서 연예인들의 이야기를 들려주며 저를 데리고 삼천포로 빠지기가 일쑤랍니다. 그리하여 우리 딸아이한테 권위 있게 수학을 설명하려면 그것을 글로 쓰는 수밖에 없다고 생각했지요. 그리고 딸아이에게 그 원고의 교정을 보는 아르바이트를 시키면서 수학 이야기를 읽히고자 했던 것이 제 전략이었답니다. 그러니 이런 아이들을 위해 지루하지 않고 술술 말처럼 읽히는 책을 만들 수밖에요.

사실 학생들이 수학을 싫어하는 이유는 수학을 재미있게 공부하고 싶은 이유나 목적, 또 수학 공부의 의미를 깨닫는 기회를 가지기도 전에 수학을 만났기 때문입니다. 그러니 억울하고 분하기까지 한 것이지요. 이것은 마치 나는 내가 좋아하는 사람에게 자꾸 다가서는데 그 사람은 아무 이유 없이 나를 멀리하는 것과 비슷하지요. 바로 이럴 때 답답함을 견디기 힘들어지면서 병이 생깁니다.

여러분, 역사 교과서 뒤에 붙어 있는 연표를 한번 펴 보세요. 그리고 외워 보세요. 그게 쉽게 외워집니까? 정말 따분한 일일 겁니다. 하지만 재미있는 역사책을 구해서 읽어 보세요. 예쁜 삽화와 사진이 실려 있고, 또 궁중의 야사와 비하인드 스토리까지 양념으로 들어 있는 책을 보게 되면 호기심 때문에라도 손에서 책을 안 놓게 되지요. 그러다 보면 연표를 백 번 읽는 것보다 전쟁과 왕조의 사건이 연결되면서 큰 줄거리가 머릿속에 남게 된답니다.

수학도 그렇습니다. 수학의 역사와 수학적 지식의 맥락을 먼저 이해하고 난 다음에 수학 교과서를 만나 보면, 그토록 멀리 있던 수학이 가깝게 느껴지기 시작합니다. 그러니 여러분! 한번 도전해 보지 않으시렵니까?

전 지금부터 교과서가 가르쳐 주지 않았지만 교과서에 실린 내용보다 훨씬 더 중요한 수학에 관한 이야기를 여러분 앞에 펼쳐 보이려고 합니다. 연습장 한가득 풀이를 써야 하는 일은 절대로 없을 테니 소파에 앉거나 침대에 누워서 아주 편하게 책을 열어 보세요. 참, 간단한 문제가 조금 있을 테니 연필이나 펜은 하나 준비해야 되겠네요. 자, 그럼 지금부터 수학의 본마음과 진심을 찾아 여행을 떠나 봅시다~!

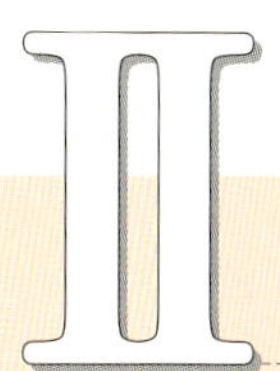

수를 세자

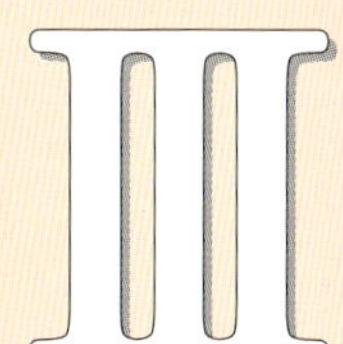

수는 많다

I 수를 알자

고대 이집트와 메소포타미아의 숫자 이야기

사람의 몸이나 꽃, 새, 동물 등으로 아름다운 상형문자를 썼던 고대 이집트인들! 기원전 3,300년경부터 숫자를 사용한 고대 이집트인들의 숫자는 상형숫자였다. 그럼 필기구는 어떻게 마련했을까? 그들은 나일 강가에서 무성하게 자라던 갈대인 파피루스를 얇게 저민 것을 가로와 세로로 붙여서 말렸다. 그렇게 종이를 만든 후에는 숯과 고무와 물을 적당히 섞어서 잉크를 만들었고, 갈대로 펜을 만들고 나니 필기구가 완벽하게 갖추어졌다. 그들은 갈대펜으로 '썼다'고 하지만 지금 우리가 보기에는 쓴 것이 아니라 '그렸다'고 해야 맞다.

1, 2, 3…… 등은 막대기 모양의 |, ||, |||…… 등으로 표시했으며, 10, 20, 30……은 구부러진 막대기 또는 손

잡이 모양인 ∩, ∩∩, ∩∩∩……으로 표시했다. 그리고 100, 200, 300……은 또르르 말았던 밧줄이 풀린 모양같이 ᓴ, ᓴᓴ, ᓴᓴᓴ……등으로 표시를 했다. 당시에는 줄자 대용으로 밧줄을 사용했으니까.

1,000, 2,000, 3,000……은 나일 강가에 한없이 많이 피는 아름다운 연꽃으로 다음과 같이 그렸다.

$$ ₰, ₰₰, ₰₰₰, …… $$

그렇다면 천의 10배인 만은 어떻게 표현했을까? 맞다! 연꽃보다 많은 게 파피루스였다. 그래서 파피루스 싹의 모양으로 그림처럼 표시했는데 이것이 손톱의 모양을 본뜬 것이라고 주장하는 설도 있지만 손톱보다는 파피루스의 싹으로 표시했다는 것이 더 설득력 있게 들린다.

(만)　　　　　　　(10만)

자! 그럼, 만의 10배인 10만을 표시하기에는 무엇이 좋을까? 나일 강가의 파피루스보다 더 많은 것은? 아마 올챙이가 아니었을까 한다. 자신들이 숭배하는 신들 중 하나였던 개구리가 나일 강가 늪지에 알을 낳으면 징그럽게 많은 올챙이가 오글거렸고, 그 모습을 본 이집트인들은 올챙이가 파피루스 싹보다 더 많다고 이해한 것 같다.

(100만)

한걸음 더 나아가, 10만의 10배인 100만을 위해서는 무엇이 좋을까? 100만이란 수는 지금도 결코 작은 수가 아니지만 당시로서는 인간의 한계를 벗어난 수였으므로 당연히 신의 영역으로 여겨졌을 것이다. 이집트인들은 유난히 내세에 집착하며 영혼 불멸을 믿는 민족이었기 때문이다. 고대 이집트에서는 날마다 성전에서 제사 드리는 사제들도 많았고 귀족들의 집에는 예배당이 있을 정도였으니 신을 향해 기도하는 모습과 100만이라는 수를 연결지었을 것이라고 생각하는 것이 타당할 것 같다.

이제 마지막으로 셀 수 없는 수, 무한대! 무한대는 지평선 위에 떠오르는 태양의 모습 으로 표시했다. 그들은 태양의 신 레(Re)를 섬겼으니까! 또한 그들은 10진법을 썼고 분수까지 사용했는데 수 위에 바(bar)를 붙여서 단위 분수로 사용했다.

　이집트 문명과 쌍벽을 이루는 메소포타미아 문명에서는 어떤 수 체계를 사용했을까? 필기도구는 무엇이고 어디에 썼을까? 메소포타미아의 고대 수메르인들은 진흙을 반죽하여 납작하게 진흙판을 만들었는데 이를 점토판이라고도 부른다. 그들은 이 납작한 점토판 위에 뾰족한 나무펜으로 꾹꾹 눌러서 쐐기 모양의 문자, 즉 설형문자를 썼다. 그래서 쐐기문자의 숫자는 설형숫자라고 부른다.

　설형숫자를 살펴보면 1, 2, 3을 ▼, ▼▼, ▼▼▼ 으로 표시했고, 10, 20, 30은 ◄, ◄◄, ◄◄◄ 으로 하였다. 하지만 계속 옆으로 나열하자니 모양새도 안 좋고 너무 길어지니까 4, 5는 ▼▼▼▼, ▼▼▼▼▼ 으로 썼으며, 40, 50은 ◄◄◄◄, ◄◄◄◄◄ 으로 썼다. 그렇다면 그들은 어떤 진법을 사용했을까? 수메르인들은 민족이 섬기는 신 안(An)의 고유 숫자를 60으로 정하면서 60진법의 체계를 사용했다. 그래서 59(◄◄◄◄◄▼▼▼▼▼)에서 1이 많아지면 60(▼)으로 단위가 바뀌어 버린다. 그래서 60이라는 숫자는 이 하나로 간단히 해결되었다.

　가령, 38과 82를 예를 들어보면 다음과 같다.

$$\text{《《《}\overset{\triangledown\triangledown\triangledown}{\triangledown\triangledown\triangledown}\text{,} \quad \triangledown\text{《《》》}$$

(38)   (82)

　이집트의 파피루스는 가볍고 가지고 다니기에 편리했지만 습기에 약하고 또, 불에 타면 재가 되어 버려 흔적도 없이 사라진다는 단점이 있었던 것에 반해, 메소포타미아의 점토판은 무겁고 갖고 다니기에도 불편했지만 불에 타면 더욱 단단해진다는 장점이 있었다. 우편 제도를 발달시켰던 메소포타미아인들은 진흙으로 편지 봉투까지 만들었다. 덕분에 전쟁의 소용돌이 속에서도 땅 속에 깊이 파묻혀 햇빛 보는 날을 기다렸던 것은 파피루스가 아닌 점토판이었다. 그러니 파피루스에 비해 점토판이 문화 유산으로 많이 남아 있는 것은 당연한 일이라 하겠다.

	고대 이집트	메소포타미아
문자	상형문자	설형문자(쐐기문자)
숫자	상형숫자	설형숫자(쐐기숫자)
진법	10진법	60진법
노트	파피루스	점토판
필기구	갈대펜	뾰족한 대나무펜
장점	가볍고 편리함	불에 타면 더욱 단단해짐
단점	불에 잘 탐	무겁고 불편함

1 자신감을 갖기 위해 부시맨을 만나자 - 수의 탄생

우리에게는 본능적으로 남과 끊임없이 비교하는 못된(?) 습성이 있다. 나보다 훨씬 나은 사람과 비교하면서 좌절하기도 하고, 또 못한 사람과 비교하면서 우쭐대는 마음도 갖곤 한다. 경우에 따라서는 이것도 그다지 나쁘다고 생각되지는 않는다. 어떻게든 스트레스는 줄이고, 희망을 가져야 하니까. 그렇지만 수학에 대해 좌절한 학생들, 공연히 '나는 30점인데 내 짝꿍은 25점이야, 히히히~' 이렇게 소모적인 비교는 하지 말자. 그보다는 뉴기니아에 있는 원주민과 비교를 해 보는 것이 훨씬 더 나을 것 같다. 자신감을 가질 수 있을 뿐만 아니라, 아주 오래 전 문명 초기의 수 개념도 덤으로 알게 될 테니 말이다.

영화나 만화에서 미개인을 묘사할 때 자주 등장하는 것이 바로 그들의 수 개념이다. 미개인들이 무언가를 세면서 "하나, 둘……" 하다가 씩 웃으며 "만타(많다)" 하고 어눌하게 말하면 우리는 웃음보를 터뜨리고 만다. 하지만 미개인들의 이런 셈 능력을 비웃을 건 없다. 단위가 조금 커지기는 했지만, 우리 역시 일상적으로 쓰는 10억이나 100억과 같은 단위까지는 따라간다 해도 1조를 넘어가면 거의 감을 잡지 못하고 "엄청 많다"고 얼버무리게 되니까. 결국 인간은 일상생활에서 필요로 하는 것만큼만 수에 대한 감각을 가지고 살아갈 뿐이다.

오스트레일리아 뉴기니아 지방의 원주민에게 있어서 수를 세는 말(수사)은 '우라펀'과 '오코사' 뿐이라고 한다. 우라펀은 '하나'이고, 오코사는 '둘'을 의미한다. 그렇다면 그들은 딱 둘까지밖에 못 세는고 하니, 그렇지는 않다. 조합이라는 방법이 있기 때문이다. 우라펀·오코사라고 말하면 그것은 곧 셋을 뜻한다. 왜냐하면 $1+2=3$ 이니까. 그럼 이제 우리의 머리가 돌아가기 시작한다. 넷은? 그렇다. 오코사·오코사라고 하면 된다. 그럼 다섯은? 오코사·

오코사·우라펀이라고 금세 뛰어나온다. 좋다. 미개인보다 낫다는 증거니까. 어쨌든 원주민들은 이 정도의 수사만 있어도 생활하는 데 불편함이 없었던 모양이다. 과일 몇 개, 생선 몇 마리 정도를 서로 교환하거나 보관하는 정도였을 테니 말이다.

그렇지만 사회가 복잡해지고, 소위 경제생활이라는 것이 시작되니 그런 수사만으로는 금세 불편해질 수밖에 없

다. 예를 들어 24개들이 사과 한 상자를 표현하려면 오코 사를 열두 번이나 외쳐야 한다. 옛날 우스개 소리 중에 '김 수한무거북이와두루미삼천갑자동방삭……' 이라는 긴 이름을 가진 아이가 물에 빠졌는데, 이 아이의 이름을 부르다 지쳐서 결국 아이는 생명을 잃었다는 이야기가 있다. 우리 에게도 그런 일이 일어나지 말라는 법이 없는 것이다. "아 줌마, 귤 오코사오코사오코사……개 하고요, 사과 오코사 오코사오코사……개 주세요. 헥헥." "응, 학생, 귤 오코사 오코사오코사……개 하구, 사과 오코사오코사오코사…… 개 달라고? 에구, 힘들어." "아유, 아니요. 귤 오코사오코 사오코사……개하고, 사과 오코사오코사오코사……개 달 라구 했잖아요." 이런 상황이 벌어질 수가 있다!

하여튼 아주 오래 전, 인류의 조상들은 이렇게 수를 세 기 시작했다. 박찬호의 연봉이 60억이라는 둥, 1인당 국민 소득 2만 불 시대네 뭐네 하면서 원시인들은 짐작도 할 수 없는 숫자를 들먹거리는 우리들이 조금 자신감을 느낄 만 한 대목이지 않은가?

2 수를 못 세는 사람의 목축업 노하우 –셈의 시작

이왕 아주 오래 전 옛날 사람들의 수학적 마인드가 어떠했는가를 살펴보았으니, 이런 것도 한번 생각해 보자. 만약 수를 못 세는 사람이나 앞에서 설명한 원주민처럼 둘까지밖에 못 세는 사람이 짐승을 키워야 한다면 어떻게 했을까? 오랜 옛날이었으니 지금처럼 대규모 농장은 아니었을 것이고 한 50마리 정도만 키운다고 해도, 풀을 먹이러 목초지에 갔다가 다시 데리고 돌아와 축사나 우리에 넣을 때에는 적어도 잃어버린 놈 하나 없이 모두 잘 돌아왔는지 마리 수는 확인해야 했을 것이다.

일단 가장 먼저 활용할 수 있는 방법은 역시 영원한 셈 도구, 손가락과 발가락이다. 우리에서 소가 한 마리씩 나갈 때마다 손가락을 하나씩 꼽으며 체크를 하는 것이다. 다행히 소의 마리수가 열 마리 이내이면 손가락만으로 충분히 관리할 수 있다. 하지만 열여섯 마리라면? 쪼그리고 앉아서 발가락까지 동원하면 된다.

여기에서 잠깐! 발가락을 실제로 꼽아 보자. 손가락처럼 폈다 구부렸다 하는 것이 생각보다 잘 안된다. 이게 정상이다. 그래서 어떤 학자는 옛 사람들이 발은 왼발과 오른발을 합하여 둘이라고만 세었기 때문에 열 개의 손가락과 합하여 12진법이 자연스레 활용되었다고도 하는데, 일리 있는 주장이라 하겠다.

자, 문제는 스무 마리가 넘어가는 경우에 생긴다. 손가락 발가락을 다 합쳐도 스무 개밖에 안되는데 가축이 스무 마리가 넘는 경우, 인류의 조상들은 어떻게 대처했을까? 아마도 주위에 널려 있는 돌이나 도토리, 솔방울 같은 것을 이용하지 않았을까? 우리 안에서 나오는 양 한 마리마다 돌멩이 하나를 가져다 자루에 담는 것이다. 한 마리 나가면 돌 한 개, 두 마리째 나가면 또 돌 한 개…… 그렇게 옮겨 놓고 목초지에서 물과 풀을 먹인 후, 돌아와서는 또 부대의 돌을 쏟아 놓고 한 마리 들어갈 때마다 하나씩 부대에 담았을 것으로 추측할 수 있다. 만약 우리에 양이 다 들어왔는데 돌이 한 개 남았다면 그것은 곧 길 잃은 양 한 마리가 어딘가에서 헤매고 있다는 뜻이었을 것이다.

구약성경에는 다윗 왕이 어린 시절에 양치기 목동을 하면서 양들이 풀을 뜯을 때 악기를 연주하고 하나님을 찬양했던 이야기가 있다. 이런 이야기를 왜 여기서 하느냐고? 독특한 유대 민족을 이야기하기 위해서이지! 전 세계 인구의 2.5%에 불과하면서도 역대 노벨상 수상자의 25%를 차지하는 우수한 민족인 그네들에게는 그럴 만한 충분한 전통이 있다고 한다. 그것은 그들이 모세오경을 입에서 입으로 자녀들에게 이야기해 주면서 그 구전된 것을 기록할 만큼 독특한 민족이기 때문이다.

모세오경

구약성경의 「창세기」 「출애굽기」 「레위기」 「민수기」 「신명기」 5권을 모세가 기록했다고 해서 모세오경이라고 부른다.

  암기력 좋은 유대인들의 독특한 관습은 여기에서 그치지 않는다. 양들이 푸른 초원에서 물과 풀을 먹은 후 저녁에 우리에 들어올 때, 목동은 한 마리씩 양들의 이름을 부르면서 우리에 넣었다고 한다. 우리 집 강아지의 이름을 부르면 강아지가 달려오듯이 양들도 자기 이름을 알아들었다는 것이다. 문제는 양이 수백 마리일 때이다. 목동이 그 많은 양들의 이름을 어찌 다 외워서 일일이 불러줄 수 있었을까? 불가능한 일이다. 하지만 모세오경을 외우는 민족이라니 이해가 된다. 그렇다면 이름을 어찌 일일이 지어서 부를 수 있을까? 그것은 아마도 수사가 이름이 되었을 확률이 높다는 것을 뜻한다. 양들을 소중하게 생각하는 지혜로운 마음이 수사를 자연스레 확장하도록 하여 유대 민족을 현명하게 만들었으리라는 추측도 하게 된다.

  그런데 한 마리씩 양들의 이름을 불러 우리에 다 들어간 것을 확인했다 해서 목동이 문을 잠그고 집으로 돌아와 잠을 잘 수 있는 것은 아니었다. 목동은 양들의 우리 앞에서 야영을 하는 것이 고대 이스라엘 민족의 관습이었기 때문이다. 우기와 건기에 따라 푸른 초장을 찾아다니면서 몇 달씩 양떼와 소떼를 데리고 목축을 했던 유목민이었기에 우리 나라의 상황과는 사뭇 다른 것이다. 또 한 가지 재미있는 사실은, 양들은 강아지나 원숭이처럼 영리한 동물이 아니고, 시력도 매우 안 좋아 병이 들었을 때는 목동의 목소리를 듣지 못하여 딴 길로 가면서 길을 잃고 헤맨다고 한다. 그러므로 '길 잃어버린 양＝병든 양' 이라고 말할 수 있겠다.

그럼, 한 가지 가정을 더 해 보자. 이스라엘 민족처럼 이름을 부르지 않는다면 수십 마리가 넘는 가축을 어떻게 체크할 수 있을까? 돌멩이를 부대에 담는 것도 힘들 것이다. 아무리 조그마한 돌멩이라도 수십 개가 넘으면 무거우니까. 하지만 걱정할 필요가 없다. '필요는 발명의 어머니' 라는 말처럼, 인간은 어떤 문제를 해결해야 할 필요성을 느끼면 언제나 그 방법을 찾아내곤 했으니 말이다.

1937년 체코슬로바키아에서 발견된 늑대뼈 하나가 그 증거이다. '늑대의 뼈가 뭐 그리 대단한 것이기에 '발견' 이라는 표현까지 쓰며 오버를 하는 걸까' 하는 생각이 들겠지만 그 늑대뼈는 단순한 뼈가 아니라 무언가 흔적이 남아 있는 뼈였으니, 이름 하여 탤리(tally)이다. '탤리' 는 '셈'

이라는 뜻과 '눈금' '막대'라는 뜻을 담고 있는 단어이다.
탤리로 사용된 그 늑대뼈는 아주 아주 오래된 것으로, 양이
나 소 같은 가축 한 마리가 눈금 하나로 표시되어 있었다.
이렇게 눈금이 새겨진 늑대뼈 하나면 무거운 돌 주머니를
들고 다니지 않고서도 자신의 재산목록 1호인 가축들을 관
리할 수 있었으니 탤리는 매우 유용한 도구였을 것이라 추
측할 수 있다.

실제로 아주 오래 전, 인류는 작은 돌멩이를 넣은 부대를 어디에나 가지고 다니면서 가축의 수를 세는 데 활용했다고 한다. 1대 1 대응 방식을 통해 그들은 수사를 모르면서도 셈을 할 수 있었던 것이다. 후에는 이 돌멩이들이 금이나 은 같은 귀금속과 보석으로 대체되어 가축과 동등한 가치를 인정받게 된다. 즉, 사회 구성원들의 합의하에 화폐의 구실을 하게 된 것이다. 늑대뼈 외에도 캘리포니아에서는 딱따구리의 얼굴, 피지에서는 박쥐의 턱뼈, 뉴브리텐에서는 개의 이빨이 탤리로 사용되었던 흔적이 발견되기도 한다.

탤리라고 영어로 쓰니 아주 먼 나라의 이야기 같지만, 우리나라에도 분명 탤리는 있었다. 필자가 어렸을 때 우리나라에서 자주 쓰였던 말 중에 '외상을 긋는다'는 것이 있다. 술 좋아하는 아저씨들이 단골 주막에서 술 마신 후에는 외상값을 '긋곤' 했다. '긋는다'는 말은 요즘 '카드 긋는다'는 표현 속에서 여전히 사용되기도 한다.

/	//	///	////	/////
1	2	3	4	5
///// /	///// //	///// ///	///// ////	///// /////
6	7	8	9	10

　‘(외상을) 긋는다’는 표현은 시골의 봇짐장수나 방물장수
들이 외상값을 농가의 기둥에 금을 그어서 표시해 두었다가
외상값을 받으면 지웠기 때문에 만들어진 표현이다. 이른바
‘각목’(나무에 새긴다)의 전통인데 이것이 바로 ‘탤리’와 똑
같은 방식의 것이다. 수사가 발달하지 않았던 시기, 그리고
수사를 배울 수 없었던 인간들에게서 똑같이 나타나는 탤
리! 탤리는 수사가 없던 시절 인류가 셈을 편리하게 하기 위
해 고안했던 보편적인 전통이었던 것으로 보인다.

3 너희가 수를 아느냐?
— 수란 무엇인가?

　　"애당초 수학에 한 맺힌 학생들이여, 세상에 대한 호기심에 눈뜬 아이들을 조심할지어다." 무슨 소리냐고? 조금씩 수학에 자신감을 가지기 시작했다가 한방에 확 황당함을 느끼게 되는 경우가 있다. 영특한 꼬맹이들은 상대방의 체면 같은 건 생각도 안 하고, 자기가 알고 싶은 것이라면 뭐든지 물어본다. 똘망똘망한 조카가 예뻐서 놀아주다 보면 "삼촌! 수가 뭐야?" "이모! 수가 뭐야?" 하는 식의 질문을 받기 십상이다. 이런 기습봉변을 당하면 한동안 정신이 멍하고 이마에 식은땀이 솟아난다.

　　필자도 당한 적이 있다. 물론 영악한 필자는 "애, 손 내밀어 봐. 내밀었어? 그럼 손가락 하나하나 꼽아 봐. 하나,

둘, 셋, 넷, 다섯…… 그게 수야. 알겠니?” 이런 방식으로 은근슬쩍 두루뭉수리 넘어갔다. 하지만 아이에게 그게 속 시원한 대답일 리는 없다. 입이 쑥 나와서 그냥 돌아서지만 속으로는 ‘우리 이모는 엉터리야!’ ‘우리 삼촌은 무지 웃겨’라고 생각할 것이다.

사실 수는 사물의 일부도 아니고 사물의 어떤 특징도 아니다. 즉, 사물의 물리적인 성질과는 아무런 상관이 없는 기호나 추상적인 개념일 뿐이다. 가령 슈퍼마켓에서 물건을 샀을 때, 직원이 물건 값을 계산하여 알려주는 것은 추상적인 영역이다. 실제로 물건을 더하거나 빼는 것은 아니기 때문이다. 또 차곡차곡 모은 꽤 많은 돈을 가지고 은행에 가서 저금을 했는데, 받아 든 통장에 달랑 숫자 몇 개만 찍힌 것을 보면 가끔 허망한 생각이 들기도 한다. 그렇다. 수는 사람들의 머릿속에 존재하는 관념의 세계일 따름이다. 하지만 그렇다고 수가 우리 현실과 전혀 무관한 것은 아니다. 아니, 오히려 아주 깊은 연관을 맺고 있다.

‘수’는 인간이 추상이라는 능력을 통해서 얻은 관념이다. ‘인간은 생각하는 동물’이라고 할 때, ‘생각’이란 단순

한 능력이 아니다. 강아지나 고양이, 원숭이 같은 동물들도
사람을 알아보거나 무언가를 기억하고 길을 찾는 등의 사
고력은 갖고 있다. 돌고래나 물개도 간단한 계산쯤은 척척
해내어 놀이동산에서 그 똑똑함을 뽐내면서 박수를 받기도

한다. 그러면 동물과 다른, 인간의 능력은 무엇일까? 바로 추상화할 있는 능력, 즉 생각하는 능력이다. 이 능력 때문에 인간은 '만물의 영장'이라는 영광스런 칭호를 받을 수 있는 것이다.

여러 동물 중에서 '연필 두 자루'와 '분필 두 개' 그리고 '코끼리 두 마리'에서 2라는 수 개념을 추상할 수 있는 동물은 인간밖에 없다. 이렇게 수를 추상할 수 있는 능력은 수천 년 동안 힘겹게 얻어 낸 인간만의 위대한 능력이다. 그래서 수학자이자 노벨문학상을 받았던 버틀란트 러셀은 "인류가 닭 두 마리의 2와 이틀의 2를 같은 것으로 이해하기까지는 수천 년이라는 시간이 걸렸다"고 말했던 것이다.

그러니 어린 조카가 "수가 뭐야?"라고 물어보면 당황하지 말고 차분하게 말해 주자. "좀 더 크면 자연히 알게 돼." "아빠한테 물어봐라." "하나님이 만드셨어." 이런 식으로 어설픈 억지는 쓰지 말고 말이다.

4 문명과 함께 수학이 꽃피다
-필요해서 생긴 수학

"골치 아픈 수학은 대체 누가 만들었을까?" 옛날 학창 시절, 어려운 수학 시험이 끝나고 형편없는 시험지를 받아들고 나서 친구들과 한숨 섞인 푸념을 늘어놓았던 적이 있다. 이런 푸념에는 아마 공감하는 학생이 많을 것 같다. 현재 우리가 배우는 수학은 수천 년 동안의 인류의 지혜가 축적된 결과이므로 문명이 처음 시작될 때의 수학보다는 훨씬 복잡해졌지만, 단적으로 말하면 수학은 분명히 인간이 필요해서 만들어 낸 학문이다. 이렇게 말하면 분명 또 고리타분하게 가르치려 든다고 책을 집어던질 학생이 있을지 모른다. 하지만 절대 어렵게 설명하지 않겠다. 믿고 따라와 보기 바란다.

상상의 날개를 한번 펼쳐 보자. 인류는 어떻게 문명을 창조했을까? 필자가 생각하기에 문명의 성립 조건은 첫 번째가 쪽수, 다른 말로 머릿수, 점잖은 말로 인구(人口)이다. 사람이 모여야 힘을 모아 집도 짓고 밭도 갈고 할 게 아닌가. 그리고 그렇게 모여 살면서 만들어 낸 풍습과 생활양식을 우리는 문명이라고 한다. 옛날 유행했던 말 중에 "역사는 쪽수다!"는 명언이 있다. 순화되지 않은 언어 '쪽수' 라는 표현 때문에 명언록 같은 곳에는 오르지 못하고 있지만, 많은 사람들은 그 말에 공감을 한다. 대통령이 되고 싶으면 많은 사람들의 표를 얻어야 되고, 많은 사람들에게 물건을 팔면 부자가 될 수 있고, 많은 사람이 좋아하는 배우나 가수는 인기짱인 연예인이기 때문이다. 그러니 "역사는 쪽수다!"

어쨌거나 사람이 모이려면 일정한 지역에 정착을 해야 한다. 또 정착하려면 일단 농사를 지어야 한다. 농사를 짓지 않으려면 풀이나 열매가 많은 곳을 찾아 계속 이동해야 하니까. 우리가 유목민이라고 알고 있는 사람들은 그렇게 생활한다. 이런 경우, 고차원적인 문명을 만들어 내기가 힘들다. 그래서 세계의 문명은 농경 사회에서 비롯되었다. 바로 이 농경, 즉 농사를 짓는 일에는 사람의 지혜가 필요했다. 어떤 점에서 그러했을지 하나하나 짚어보자.

일단, 씨를 뿌리는 시기와 거둬들이는 시기를 잘 알아야 한다. 그러자니 달력을 만들어야 하고, 별자리나 하늘의 모습을 유심히 관찰해야겠지. 그 때문에 계산법이나, 천문 연구를 위한 삼각법이 발달할 수밖에 없었다(삼각법! 이런 말 때문에 머리 아파하지 마라. 그런 게 그냥 있다고 생각하고 넘어가라). 그뿐인가. 땅의 경계를 측량하기 위해 작도를 알아야 했을 것이고, 곡물을 거둬들이면 그 양을 측정해야 했을 것이며, 거기에서 자연히 셈이 발달했을 것이다.

이왕 머리 굴린 김에 조금만 더 굴려 보자. 곡물이 조금씩 쌓이면 자연스럽게 재산이 만들어졌을 것이고, 그 당시에는 피임법을 몰라 아이가 생기는 대로 낳았을 것이니 자식도 많았을 것이다. 그렇다면 자식들에게 유산을 상속하기 위해 비례 배분하는 방법도 연구했을 것이다. 이집트의 파라오(왕)들이 추수한 것에 대해 한 가마니당 한 자루씩으로 세금을 매기면, 350가마니일 때에는 35자루의 세금을 내어야 했으므로 비례 계산도 필요했을 것이다. 그렇게 수학은 시작되었다. 말하자면 수학은 인간 생활의 편리함을 위해 태어난 것이다.

5 세계에서 처음 나타난 숫자
-메소포타미아의 설형숫자

중동의 이란에 가면 '베히스툰'이라는 작은 마을이 있다고 한다. 수학 공부하기도 벅차 죽겠는데 이란의 잘 알지도 못하는 조그만 마을 이름까지 알아야 하냐고 푸념하지 마라. 한 번 듣고서 잊어버려도 되는 이야기이다. 하여간 사막을 가로질러 장사를 하러 가는 상인들이 쉬어 가던 그 작은 마을 부근 평원에는 언덕이 하나 있었는데, 구석에 요상한 문자가 새겨진 커다란 암석이 하나 있었다. 짐작하겠지만 그 요상한 문자가 바로 최초의 숫자가 담겨 있는 메소포타미아 문명의 쐐기문자(설형문자)였다.

세상에는 당장 써먹을 영어, 일어, 중국어 공부보다 이런 종류의 문자를 해독하는 데 더 취미를 갖는 사람들이 왕왕 있다. 영국의 롤린슨이란 사람도 그런 사람이었나 보다. 물론 그에게 처음부터 그런 취미가 있었던 건 아니다. 그는 열일곱 살 때 동인도 회사의 일로 인도에 건너가게 되었는데, 그때 이런저런 이유로 페르시아어를 배우게 되었다고 한다. 그러다 보니 페르시아의 전설과 신화에 심취하게 되었고, 그것이 인연이 되어 베히스툰의 요상한 문자 이야기를 전해 듣고서는 고대 문자를 해독하겠다는 열정에 불타올랐다.

세상에 열정보다 강한 힘은 없는 법이다. 머리가 팽팽 돌아가는 사람, 딱 한 번만 봐도 모든 것이 술술 외워지는 사람, 이런 사람들도 무언가 하고자 하는 열정적인 사람은 당해 내지를 못한다. 여러분도 세상을 살아가다 보면 이 말이 진리라는 걸 알게 될 것이다. 하여간 그는 오랜 세월 연구에 연구를 거듭하다가 이라크의 수도 바그다드의 영국 총영사가 되었을 무렵 마침내 연구를 완성하여 1846년 『베히스툰의 비문에 관한 번역』이라는 결과물을 내놓게 된다. 그래서 오늘날 우리가 메소포타미아의 문자를 읽을 수 있게 된 것이다.

이왕 메소포타미아의 쐐기숫자에 대해 말했으니 잠시

맛이나 보고 가자. 우선 1부터 9까지는 이렇게 쓴다.

그럼 10은 어떻게 쓸까? 쐐기 다섯 개씩 두 줄로 쓴다고? 그렇다면 그건 숫자도 아니고 그림도 아니다. 100은 그럼 다섯 개씩 10줄로 쓰고 1,000은 다섯 개씩 100줄로 쓰나? 그럼 만은? 백만은? 안될 말이다. 10은 쐐기를 오른쪽으로 뉘어서 ◀과 같이 쓴다. 그러면 11부터는 좀 쉬워진다.

천천히 보니까 좀 재미가 생긴다. 20∼90까지는 앞에서 이야기했듯이 60진법을 사용했으므로 이렇게 쓴다.

100은? 아래를 보라.

좋다. 그럼 마지막 과제이다. 다음 숫자를 읽어 봐라.

별로 안 어렵지? 답은 11과 8이다. 별다른 의미는 없다. 필자가 태어난 월과 일, 즉 생일이다. 이제 유럽 여행을 가서 박물관에서 쐐기문자를 만나게 되면 적어도 숫자만큼은 읽을 수 있을 것이다. 친구들한테 자랑을 해도 좋다!

6 국왕이 포로로 잡은 적병의 수, 상형문자는 알고 있다.
-이집트의 상형숫자

피라미드로 유명한 이집트 문명에는 쐐기문자와 같은 도구가 없었을까? 아니다. 그들도 갖고 있었다. 우선 다음 그림부터 보자.

히에로콘폴리스에서 출토된 기원전 3100년경의 나르메르 왕의 팔레트 판이다. "선생님! 지는 아무리 눈 씻고 찾

아봐도 숫자라고는 보이질 않는데요?" 처음엔 필자도 마찬가지였다. 만약 숨은그림찾기로 이런 게 나온다면 답답해서 숨넘어갈 것 같다. 그런데 설명을 참조했더니 숫자가 보이기 시작했다. 그림의 오른쪽에 보이는 매의 얼굴을 한 인물은 국왕을 상징한다고 한다.

그 매는 한쪽 발로 사람의 목을 잡아 맨 줄을 붙잡고 있고, 다른 쪽 발로는 6개의 연꽃잎을 밟고 있다. 바로 여기에서의 연꽃잎! 이것이 곧 숫자이다. 조금 확대해서 보면 다음과 같은 모양임을 알 수 있다.

지금 우리 눈으로 보기에는 이것이 별로 연꽃과 닮지는 않았지만, 연꽃이라고 하니 그렇게 봐 주기로 하자. 이집트 문자에서 이 연꽃은 앞에서 이야기했듯이 1,000이라는 숫자를 뜻한다. 연꽃과 '천', 별로 연관이 없는 것 같다. 그런데 사실 사연인즉슨 이렇다. 이집트의 젖줄 나일 강에는 연꽃이 많이 핀다고 한다. 이집트인들은 그 연꽃을 보고 '많다' 고 느꼈고, 그래서 연꽃은 '많은 수' 인 '천' 을 의미하는 숫자가 된 것이다. 이렇게 해석하고 보니 그럴싸하게 들린다. 다음 그림을 보자.

이건 '만' 이라는 뜻이다. 도대체 뭘 본뜬 문자이기에 연꽃보다 많을까. 나일 강변에서 자라고 있는 갈대 파피루스의 싹이라는 설이 설득력 있게 들린다. 그럼 다음 그림은 뭘까? 십만을 나타내는 숫자인데, 올챙이라고 하는 설이 그럴 듯하다. 올챙이가 모여 있는 것을 본 적이 있는가? 정말 오글거리면서 꼬불대는 모습이 징그럽게 많다.

자, 그러면 앞에서 본 그림의 의미가 이제 명확해진다. '매의 얼굴을 한 사람과 연꽃 6개' 는 곧 국왕이 6,000명의 적병을 포로로 사로잡았다는 의미인 것이다. 신기하기도 하고 재미도 있다.

이집트의 숫자에 대해 조금 더 살펴보면 그것이 메소포타미아의 숫자와 비슷하다는 것을 알 수 있다. 쐐기 모양만으로 나타내다 보니 그러한 것인데, 메소포타미아의 숫자는 이리 누이고 저리 누인 형태로 이루어지는 것에 반해 이집트는 그림을 활용했다는 차이가 있을 뿐이다. 파피루스라고 하는 갈대로 만든 종이에 그렸던 숫자들을 살펴보면 다음과 같다.

1	2	3	4	5	6	7	8	9

10	20	30	40	50

60	70	80	90

십 자리의 숫자는 일 자리의 숫자를 구부려 표시함으로써 형태에 차이를 두었다. 1은 막대기 모양을 본뜬 것이고, 10은 구부러진 막대 모양 같기도 하고 손잡이 모양 같기도 하다. 백 자리 숫자는 당시에 줄자 대용으로 쓰던 밧줄이

이건,
상형 문자야!
와,
피카소 그림이다.

또르르 풀린 것 같은 모양이다.

$$\varphi \quad\quad \varphi\,\varphi \quad\quad \varphi\,\varphi\,\varphi \quad\quad \varphi\,\varphi\,\varphi\,\varphi \quad\quad \begin{matrix}\varphi\,\varphi\,\varphi\\\varphi\,\varphi\end{matrix}$$

$$100 \quad\quad 200 \quad\quad 300 \quad\quad 400 \quad\quad 500$$

$$\begin{matrix}\varphi\,\varphi\,\varphi\\\varphi\,\varphi\,\varphi\end{matrix} \quad\quad \begin{matrix}\varphi\,\varphi\,\varphi\,\varphi\\\varphi\,\varphi\,\varphi\end{matrix} \quad\quad \begin{matrix}\varphi\,\varphi\,\varphi\,\varphi\\\varphi\,\varphi\,\varphi\,\varphi\end{matrix} \quad\quad \begin{matrix}\varphi\,\varphi\,\varphi\\\varphi\,\varphi\,\varphi\\\varphi\,\varphi\,\varphi\end{matrix}$$

$$600 \quad\quad\quad 700 \quad\quad\quad 800 \quad\quad\quad 900$$

더 큰 단위의 수인 '천' '만' '십만'은 앞에서 설명을 했고, '백만'을 나타내는 수와 '천만(또는 무한대)'을 나타내는 수는 아래 그림과 같다.

（100만）　　　　　（1000만）

'백만'을 뜻하는 모양은 너무나 큰 수여서 사람이 놀라 손을 번쩍 들어 올린 모양이라고 하는데, 그렇게 생각한 이집트인을 상상하면 귀엽고 깜찍하다. 지금도 어린 꼬맹이들한테 "○○이는 엄마랑 아빠를 얼마만큼 사랑해?"라고 물으면 "이마~~~~~안큼!" 또는 "하늘만큼 땅만큼!" 하면서 두 팔을 번쩍 들곤 하는데, 그러고 보면 이것은 많다는 것을 표현하기 위한 인간의 본능적인 제스처 같다. 하지만 이집트인들이 철저하게 종교적인 사람들이라는 것을 생각해 보면, 이들이 손을 들어 올린 모양은 어쩌면 신에게 기도하는 모습을 표현한 것이라고도 추측할 수 있다. '백만'은 인간의 한계를 벗어난 엄청나게 큰 수이니 신의 영역에 속하는 것으로 여겨졌을 수 있기 때문이다.

그리고 '천만'의 동그란 원과 그것을 받치는 직선은 지평선 위에 떠오르는 태양의 모습을 그린 것으로 추측된다. '천만'은 사람의 지혜로는 헤아릴 수 없는 수인 '무한대'를 뜻하기도 한다는데, 그도 그럴 것이 이집트인들은 태양의 신, 레(Re)를 숭배하던 민족이었으니까.

어쨌든 이집트의 수에 대해 이 정도까지만 알아도 많이 아는 것이다. 이제 박물관에 가면 아는 척 좀 해도 되겠지?

주산이 만들어진 이유
- 단위 기 수 법

메소포타미아의 쐐기숫자와 이집트의 상형숫자, 이들은
모양새는 다르지만 일정한 공통점이 있다. 뭘까? 앞에서 설
명한 탤리, 즉 각인 방식에서 조금 진화한 형태라는 것이다.
숫자를 기록하는 데 있어서 각인 방식이 가장 초보적인 수
준인 것은 말하나마나이다. 그런데 이 각인 방식에는 큰 수
를 써야 할 경우 대단히 불편하다는 문제점이 있다. 늑대 뼈
에 만 자리 숫자를 새긴다고 생각해 보라. 숨넘어갈 일이다.
그래서 거기에서 진보한 것이 바로 숫자 표기 형태이다.

자세히 살펴보면 메소포타미아의 쐐기숫자나 이집트의 상형숫자의 경우, 십, 백, 천 등 자릿수가 올라갈 때마다 새로운 기호를 사용했다는 것을 알 수 있다. 이런 형태는 우리가 잘 아는 로마자나 그리스 숫자 그리고 중국의 숫자에서도 똑같이 나타난다. 이런 방식을 우리는 '단위기수법'이라고 부른다. 아, 용어에 너무 집착할 필요는 없다. 그냥 유형화한 거니까. 단위기수법을 쓰면 한눈에 숫자를 알 수 있어서 초등학생들도 덧셈이나 뺄셈은 간단히 계산할 수가 있다. 그런데 문제는 곱셈과 나눗셈이 힘들다는 것이다. 이것은 불가능에 가깝다.

인간은 영리할수록 불편함을 참지 않는다. 그래서 필요한 것이 있으면 반드시 그것을 고안해 내곤 한다. 고대 그리스나 로마에서는 대리석 판에 홈을 내고는 거기에 작은 구슬을 늘어놓은 형태의 '애버커스(abacus)'라는 도구를 만들어서 그런 불편을 해결했다. 그 모양을 상상해 보라. 어디서 많이 본 것 같지? 맞다. 애버커스는 우리가 잘 알고 있는 주판의 할아버지 격이라고 생각하면 된다.

그런데 그리스나 로마에서 사용되었던 '애버커스'가 어

떻게 '주판'이 되었을까? 정답은 이름도 찬란한 '실크로드', 즉 비단길에 있다. 기원전 2세기 중국의 한무제가 장건을 서역으로 파견한 뒤 중국과 서방을 잇는 교역로가 열렸으니 이것을 이른바 실크로드라 한다. 이 길로 오고가며 장사를 해야 했던 상인들에게 중요했던 것이 바로 계산이었다. 그때까지 중국에서는 대나무를 가늘게 쪼개어 만든 '죽산'이란 것으로 계산을 해 왔다. 그러던 어느 날 중국의 비단장수 왕서방은 오아시스가 있는 어느 도시에서 서방의 상인들을 만났다가, 죽산보다 편리한 애버커스를 보고 깜짝 놀랐을 것이다. 그러니 애버커스가 중국으로 들어오게 된 것은 물어보나마나 한 일이 아니었을까?

중국으로 애버커스가 들어오자 중국인들은 그것을 자신들의 입맛에 맞게 약간 개량하여 '산반'이라고 불리는 중국식 주판을 만들어 냈다. 애버커스와 달리 산반은 작은 구슬을 대나무 살에 끼워서 만들었다. 여러분들이 좋아하는 닭꼬치! 잘게 썰어 놓은 살코기를 그냥 먹는 것보다는 가느다란 대나무에 산적처럼 끼워 놓는 것이 먹음직도 하고 보는 맛도 있다. 이는 먹는 사람만을 위한 것이 아니다. 꼬치에 끼우면 양념하여 굽거나 튀기기도 쉽고 계산하기도 쉬우니 그것은 파는 사람을 위한 것이기도 하다. 이와 똑같은 원리로 중국인들은 알을 잃어버릴 염려가 없도록 애버커스의 알을 죽산에 끼워서 '산반' 을 만들었다. 그리고 그 산반이 개량되어 한국과 일본에서는 '주판' 으로 변신을 한 것이다.

지금은 전자계산기에 자리를 내주고 쓸쓸하게 역사의
뒤안길로 사라져가는 주판이지만, 주산은 우리나라에서는
1970년대까지만 해도 초등학교 수학 교과서에 등장하는
중요한 계산법이었으므로 주산 학원도 성행했고, TV에서
는 주산왕으로 뽑힌 인물이 나와 덧셈과 곱셈에 대한 암산
능력을 과시하면서 클로즈업되기도 했다. 주산과 전자계산
기, 이는 수학의 역사와 원리가 숨쉬고 있는 도구이다. 그
런 의미에서 한번 튕겨 주자, 주판!!

(-)×(-)=(+)
Ⅱ
수를 세자

고대 그리스와 로마의 수

철학과 수학의 학문을 만들어 낸 우수한 민족, 고대 그리스인들은 어떤 수 체계를 사용했을까? 그들은 헤로디아노스식과 알파벳식이라는 두 가지의 수 체계를 사용했다. 처음에 사용한 헤로디아노스식은 1, 10, 100…… 등을 뜻하는 숫자를 단어의 머리글자에서 땄다. 1은 가장 기본적인 막대모양인 | 으로, 2, 3……은 반복하여 ||, |||…… 으로 표시했다. 또한 10은 $\Delta \acute{\epsilon} x a$ 이므로 그 첫 글자인 Δ 로 표시했고 20, 30……은 $\Delta \Delta$, $\Delta \Delta \Delta$……으로 나타냈다. 마찬가지로 머리글자를 따는 방식을 사용해 100은 H, 1000은 X, 10000은 M으로 표기했다. 그들도 처음에는 이집트인들처럼 숫자를 반복적으로 늘어놓았다. 가령 5,428은 천을 다섯 개, 백은 네 개, 십은 두 개, 일은 여덟

개를 늘어놓았으므로 다음과 같이 길어졌다.

$$\text{XXXXXHHHH}\varDelta\varDelta\text{IIIIIIII}$$

그러다가 중국인들이 주판을 사용할 때 윗줄의 한 알은 5를 나타내는 것이라고 약속을 했듯이, 이들도 5개를 묶어서 간단히 표시해 버렸다. 즉, 5, 50, 500, 5000 등을 주루룩 늘어놓지 않고 알파벳 대문자의 세 번째 글자, $\varGamma$(델타)를 빌려서 간단히 쓰기 시작한 것이다. 그 이유는 알 수 없지만 아마도 한자의 갓머리처럼, 그 안에 다른 글자를 품기가 좋아서 쓰기 시작한 것이 아닐까? 그래서 5는 $\varGamma$로, 50은 $\varGamma$안에 10을 나타내는 $\varDelta$을 집어넣어서 $\varGamma\!\!\!\varDelta$로, 500은 $\varGamma$안에 100을 나타내는 H를 집어넣어서 $\varGamma\!\!\!H$로, 5,000은 $\varGamma$안에 1,000을 나타내는 X를 집어넣어서 $\varGamma\!\!\!X$로 나타내었다. 그들의 발상이 아주 독특하면서 귀엽고 깜찍하다. $\text{XXXXXHHHH}\varDelta\varDelta\text{IIIIIIII}$로 표현하던 것을 $\varGamma\!\!\!X\text{HHHH}\varDelta\varDelta\varGamma\text{III}$로 줄여버린 것이다. 머리를 산뜻하게 커트한 것처럼 상큼한 느낌이 든다.

그러다가 기원전 500년경부터 이들은 알파벳식을 사용

하였다. 이는 α(알파), β(베타), γ(감마), δ(델타)……의 알파벳 위에 바(bar)를 붙여서 $\bar{\alpha}=1$, $\bar{\beta}=2$, $\bar{\gamma}=3$…… 등으로 9까지 표시하고, 그 다음 순서의 알파벳 위에 바를 붙여서 10, 20, 30……90으로 정하고, 그 다음의 알파벳에도 똑같은 원리를 적용하여 100, 200, 300……900까지 표기하는 방식이었다. 그렇다면 그 다음의 천 단위는? 1000, 2000, 3000…… 등은 $'\alpha$, $'\beta$, $'\gamma$ …… 등으로 알파벳의 왼쪽에 $'$(대시)를 붙였다.

그리스에서는 국가를 운영하는 데 필요한 세금 계산이라든가 실생활에 꼭 필요한 손으로 하는 계산은 계산술(로지스티케, logistike)이라고 폄하하면서 학자들은 하지 않는 것으로 무시했다. 수학자란 오직 수나 도형의 성질만을 연구하는 것으로 믿고 있었기 때문이다. 피타고라스 학파에서 시작된 이러한 풍조는 플라톤이 세운 아카데미아에서 뿌리를 내렸다고 한다.

그리스인들이 철학적이고 사색적이라면 그리스를 정복하여 지중해 연안에서 대로마제국을 건설한 로마인들은 실용적인 사람들이었다. 그리스인들이 계산하는 일 자체를

우습게 생각한 반면에 로마인들은 빠른 계산을 위해 앞에서 말한 계산 도구인 애버커스를 만들어 냈다.

로마인들은 1을 I로 정했고, 그리스인들의 방식처럼 2, 3은 I를 반복하여 II, III으로 표시했다. 하지만 4를 IIII로 쓰려니까 왠지 모양새가 안 좋은 것 같아서 IV로 표기하기로 했다. 이유인즉슨 5는 한쪽 손을 나타내는 V로 표시했는데, 4는 5보다 하나 부족하니 1을 빼는 의미로 왼쪽에 I를 붙인 것이다. 비슷한 원리로 6은 V에다 I를 더한 수이니 VI로 썼다. 이와 같은 방법으로 7은 5에 2를 합한 VII로, 8은 5에 3을 합한 VIII이 된다. 10은 5가 두 번 반복되어야 하는 수이므로 V를 2개 붙인 모양인 X로 정하였다. 그렇다면 9는? 맞다. VIIII는 쓰기에 길고 모양도 안 좋으니 10보다 1이 부족하다는 의미로 왼쪽에 I를 붙여서 IX로 썼다. 자! 그럼 처음부터 한번 줄을 세워 볼까?

I, II, III, IV, V, VI, VII, VIII, IX, X

아주 규칙적이고 합리적이다. 그런데 100은 어떻게 표기했을까? 그들은 라틴어에서 100의 뜻인 centum(센텀)

의 첫 글자를 따서 C로 썼다. 최근 부산 해운대 신시가지에 들어서는 초고층 주상복합아파트 지역의 이름이 바로 '센텀시티'인데, 이는 곧 100을 뜻하는 라틴어에서 빌린 이름이다. 1,000은 라틴어 mille(밀레)의 첫 글자를 따서 M으로 표시했다. '밀레'는 20대의 패션을 주도하는 쇼핑센터인 '밀리오레'를 통해 젊은이들에게 이미 익숙해진 이름인데, 서기 2000년이 되는 새천년을 기념하고자 했던 것에서 유래한 이름이었다. 어쨌든 로마인들은 50은 L로, 500은 D로 정하였으니 이제 로마식으로 다음과 같은 수를 한번 써 보자.

$$
\begin{array}{r}
2\ 6\ 4 \\
+\ 3\ 1\ 2 \\
\hline
5\ 7\ 8
\end{array}
\qquad
\begin{array}{rlll}
 & CC & LX & IV \\
+ & CCC & X & II \\
\hline
 & CCCCC & LXX & VIII \\
\therefore & D & LXX & VIII
\end{array}
$$

　덧셈과 뺄셈은 비교적 간단한 규칙으로 셈할 수 있었지만, 곱셈과 나눗셈을 하자면 장난이 아니었다고 한다. 그러나 이 셈법은 피보나치가 집필한 『계산판의 책』이 베스트셀러가 되면서 상인들에게 손쉬운 아라비아식 셈법이 활용되기까지 중세 1,000년간 자리매김하였던 셈법이었다.

1 0의 발견이 가져다 준 엄청난 혜택 – 위 치 기 수 법

원래 눈에 보이는 것보다는 눈에 보이지 않는 것을 생각해 내는 것이 어렵다. 우리 스스로를 돌아봐도 당장 눈앞의 이익에 사로잡혀 얼마 후의 손해를 예측하지 못하는 경우가 종종 있으니까……. 비평이 창작보다 쉬운 이유도 눈에 안 보이는 것을 생각해 내는 것이 어렵기 때문이다. 결과가 다 나온 다음에 "내 이럴 줄 알았지"라고 말하는 것은 하나 마나한 소리이다. 0이라는 숫자가 다른 어떤 수들보다도 나중에 발견 또는 발명된 것도 마찬가지 이유에서였다.

생각의 순서를 보아도 사람들이 처음에는 눈앞에 있는 것에 관심을 갖는 것이 인지상정이다. 눈앞에 과자가 대여섯 개 있다고 치자. 그 앞에서 '한 개도 없다' 라는 생각을 하는 사람이 있을까? 있다면 정신과에서 상담을 받아 봐야 한다. 한 개, 두 개, 세 개…… 이렇게 먹어 가다 보니 한 개도 남지 않았을 때, 그제야 '없다'는 개념의 0을 생각하게 되는 것이 정상이다. 그래서 0은 정수 가운데 가장 늦게 발견되었다. 정수에 대해서는 나중에 이야기하자. 그냥 1, 2, 3, 4…… 같은 숫자 중에서 0이 가장 늦게 발견되었다고 생각하면 된다.

그런데 도대체 왜, 어떤 점에서 0의 발견이 엄청난 혜택을 가져왔다는 거지? 이렇게 생각하는 학생이 있다면 조금 기다려라. 약간 긴 설명이 필요하니까.

앞장에서 단위기수법이란 것에 관해 설명했다. 벌써 잊어버렸다고? 답답해할 필요 없다. 다시 또 보면 된다. 메소포타미아의 쐐기숫자와 이집트의 상형숫자는 십, 백, 천 등 자릿수가 올라갈 때마다 새로운 기호를 사용하는 기수법이었다. 이걸 '단위기수법'이라고 한다. 그런데 이 단위기수법에는 크게 두 종류가 있다. 별로 어렵지 않으니 책 집어 던지지 말고 조금만 더 들어 봐라.

쐐기숫자와 상형숫자는 주로 '덧셈의 원리에 의한 기수

법'인데, 로마의 기수법 역시 덧셈의 원리에 의한 것이다.

시계에 종종 등장하는 로마식 기수법을 잠깐 정리해 보자.

아직까지는 쓸모가 있는 기수법이다. 가령 교황 바오로

XIV세라는 단어가 책에 있다고 하자. 여러분은 읽을 수

있나? 정답은 교황 바오로 14세이다. 이런 종류의 문자를

읽으려면 로마의 기수법을 알아야 한다. 로마의 기수법은

다음과 같은 형태였다.

I	1	X	10	XX	20	XXX	30	C	100
II	2	XI	11	XXI	21	XXXX	40	CC	200
III	3	XII	12	XXII	22	(=XL 40)		CCC	300
IIII	4	XIII	13	XXIII	23	L	50	CCCC	400
(=IV4)		XIV	14	XXIV	24	LI	51	(=CD 400)	
V	5	XV	15	XXV	25	LII	52	D	500
VI	6	XVI	16	XXVI	26	………		DC	600
VII	7	XVII	17	XXVII	27	………		DCC	700
VIII	8	XVIII	18	XXVIII	28	LX	60	DCCC	800
IX	9	XIX	19	XXIX	29	LXX	70	DCCCC	900
						LXXX	80	(=CM 900)	
						LXXXX	90		
						(=XC 90)			

그런데 왜 로마식 기수법을 덧셈의 원리에 의한 기수법

이라고 부르는 걸까? 일단 234를 로마기수법으로 나타내

보자. CC XXX IV라고 쓰면 된다. 이걸 곰곰이 뜯어보면

백이 두 개, 십이 세 개, 일이 네 개가 있다는 뜻이 된다.

즉, 백을 두 번 더하고, 십을 세 번 더하고, 일을 네 번 더하는 방식으로 숫자를 표시하는 것이니 덧셈의 원리에 의한 기수법이라 하는 것이다.

참된 공부를 하려면 분석을 해야 하고, 분석을 하려면 비교가 반드시 필요한 법이니만큼, 중국식 기수법과 비교하면서 로마식 기수법을 공부하기로 하자. 중국의 기수법은 꽤 많은 학생들이 알고 있지만, 그래도 한번 복습해 보자.

1, 2, 3, 4, 5, 6, 7, 8, 9, 10,   100,   1000,   10000
一, 二, 三, 四, 五, 六, 七, 八, 九, 十,   百,   千,   萬

234를 중국식 기수법으로 적어보면 二百三十四가 된다. 로마식 기수법과는 조금 다르다. 만약 로마식 기수법을 따랐다면 '백백십십십사'라고 써야 한다. 중국식 기수법은 로마식 기수법과는 다르게 '이×백＋삼×십＋사'로 구성되어 있다. 그러니 엄밀히 말하면 곱셈의 원리에 의한 기수법이라기보다는 곱셈과 덧셈의 원리가 혼합된 기수법이라고 해야 맞을 것이다.

실제로 숫자를 표기해 보면 중국식 기수법이 로마식 기

수법보다 편리함을 알 수 있다. 그러나 우리가 현재 활용하고 있는 아라비아식 기수법(아라비아 숫자)와 비교하면 도토리 키 재기나 다름없다. 그만큼 아라비아 숫자(정확한 명칭은 인도·아라비아 숫자)가 편한 것이다.

유럽에서는 11세기부터 시작한 일곱 차례의 십자군 원정으로 이탈리아의 베네치아, 피사, 제네바 등이 무역을 통해 많은 돈을 벌면서 상업산술이 발달하였다. 그런데 다음과 같은 계산을 한번 생각해 보자.

$$
\begin{array}{r} 2\ 3\ 4 \\ +\ 1\ 5\ 6 \\ \hline \end{array}
\qquad
\begin{array}{r} \text{MM CCC IV} \\ +\ \text{M} \quad \text{V} \quad \text{VI} \\ \hline \end{array}
$$

$$
\begin{array}{r} 2\ 3\ 4 \\ \times\ 1\ 5\ 6 \\ \hline \end{array}
\qquad
\begin{array}{r} \text{MM CCC IV} \\ \times\ \text{M} \quad \text{V} \quad \text{VI} \\ \hline \end{array}
$$

덧셈은 애버커스를 쓰면 아라비아식 계산보다 조금 불편하더라도 가능하긴 하다. 헌데 곱셈으로 가면 뒷골이 땡기기 시작한다. '세 자릿수×세 자릿수'를 보니 보통 사람이 할 수 있는 일이 아닌 것 같다.

그래서 그 당시에는 '계산사'라는 직업이 있었다고 한

다. 돈을 받고 계산을 해 주는 사람들이니 오늘날의 '회계사' 들과 비슷한 일을 하는 셈이다. 애버커스를 가지고 계산하는 사람들은 산반파라고 불렸고, 아라비아 숫자를 써 필산으로 하는 사람들은 필산파라고 불렸다. 때때로 이들은 공개 시합을 벌이기도 했단다.

그런데 문제는 아라비아 숫자는 나쁜 마음을 먹으면 얼마든지 위조가 가능하다는 것이다. 그래서 1299년 로마 교황청에서는 '피렌체의 상인들은 로마 숫자만을 써야 하며, 아라비아 숫자의 사용은 금지한다' 는 명령을 내렸다. 아라비아 숫자를 사용함으로써 발생하는 사기꾼들의 흑심을 원천 봉쇄하겠다는 의도였으리라. 하지만 도도하게 흐르는 새 시대의 물결을 누가 거스를 수 있을까? 15세기에 이탈리아와 에스파니아에서 로마식 셈법은 사라졌고, 17세기가 되자 영국, 프랑스, 독일에서도 무대 뒤편으로 사라지게 되었다.

다음 그림은 그레고리우스 레이시라는 사람이 저술한 『마르가리타 필로조피카』에 실린 목판화이다. 이 그림은 셈판 계산법에서 아라비아식 계산법으로 대세가 넘어갔음을 잘 보여준다. 왼쪽에 숫자를 쓰고 있는 사람은 필산파

(알고리스트)를 상징하는 수학자 보에티우스이고, 오른쪽 셈판을 움직이고 있는 사람은 산반파(아바시스트)를 상징하는 피타고라스이다. 그런데 가운데 있는 여인의 모습이 재미있다. 그녀는 산술을 상징하는 여신이다. 그런데 여신은 지금 누구를 향해 미소 짓고 있는가? 숫자를 사용하는 알고리스트, 보에티우스이다. Game is over!!

모든 기수법에서는 자리가 하나씩 올라갈 때마다 새로운 숫자를 만들어야만 했다. 그러나 아라비아 숫자를 활용

하면 아무리 크거나, 아무리 작은 수일지라도 0, 1, 2, 3, 4, 5, 6, 7, 8, 9, 단지 10개의 숫자로 표기가 가능하다. 아라비아식 기수법! 얼마나 편리하고 고마운 것인가!

아라비아식 기수법에서 가장 중요한 것은 자릿수의 개념과 0의 사용 그리고 십진법의 사용이다. 우선 자릿수의 개념에 대해 살펴보자. 이미 우리가 아는 것들이니 용어가 어렵다고 해서 지레 겁먹고 도리질할 필요는 없다.

자릿수란 예를 들어 삼천삼십오를 3035로 나타내는 것을 말한다. 여기서 3이라는 숫자는 두 번 나오는데 하나는 천이 세 개임을, 다른 하나는 십이 세 개임을 나타낸다. 이런 방식이 가능하려면 백은 하나도 없다는 것을 표시하는 '0'이라는 개념이 반드시 필요하다. 그렇지 않으면 3035와 335, 그리고 30350과 3350 등의 숫자는 구별이 되지 않기 때문이다.

바로 이 '없음'을 나타내는 기호 '0'의 창안은 마치 콜럼버스의 달걀처럼, 만들어 놓은 후에 보면 정말 별것 아닌 것 같지만 실은 인류의 방향을 정하는 엄청난 발견이자 사건이었다. 우리가 만약 0이라는 기호를 얻지 못하고, 그래서 10000, 1000000, 1000000000000000 같은 엄청난 숫자들을 자유자재로 활용하지 못했다면 인류의 지금 모습은 어떠했을까? 상상이 되지 않는 일이다.

2 이런 십의 육십사승 같은 일이 있나!! -명수법

앞에서 0이 발명되면서 편리한 아라비아식 기수법이 생겨났고, 덕분에 우리가 엄청난 수들을 자유자재로 계산하고 활용하게 되었다고 했다. 하지만 기수법에는 한 가지 문제가 있다. 기수법은 말 그대로 쓸 記, 셀 數, 방법 法, 즉 '수를 종이에 쓰는 방법'이다.

그런데 생각해 보자. 일상생활에서 우리는 서로 말을 해야 의사소통을 할 수 있으니, 수를 말하는 방법 역시 있어야 한다. 분식집에 가서도 아주머니께 "아줌마, 떡볶이 이천 원어치만 주세요."라고 말해야지, "2,000원"이라고 매번 종이에 써서 보여드릴 수는 없지 않은가? 때문에 세계 각국에는 수를 말로 나타내는 '명수법'이 있다.

백만장자라는 말이 영어로는 밀리어네어(millionaire)인데, 이는 백만을 나타내는 밀리언(million)에서 온 말이다. 영어에도 수의 이름이 있다는 증거이다. 하지만 잘 걷지도 못하면서 뛸 생각부터 해서는 안 되듯이 세계화 시대라고 영어의 명수법부터 알아볼 수는 없다. 일단 우리말의 수를 말하는 방법부터 알아보도록 하자.

우리말의 명수법! 별로 어렵지 않다. 역시 우리가 이미 알고 있는 것이니까. '하나' '둘' '셋' '넷' …… 이것이 명수법이다. 혹은 '일' '이' '삼' '사' …… 이렇게도 읽는다. '하나' '둘' …… 은 순 우리말이고, '일' '이' ……는 한자어이다. 헌데 순우리말로 이름을 붙인 수들은 아흔 아홉에서 멈춘다. 그 다음 '백(百)'은 한자어이다. 지금 당장 '하나' 부터 세기 시작해 봐라. '아흔 여덟' '아흔 아홉' 까지 세고 난 다음에 뭐라고 하나. "백!!" 이 '백' 에는 원래 '온' 이라는 우리말 이름이 있었지만, 한자어 '백' 에 밀렸다. 턴테이블이 CD 플레이어에 밀려 사라지듯이, '온' '즈믄' 같은 순우리말 수 이름은 한자어에 밀려 사라진 것이다. 물론 흔적은 남아 있다.

　새천년이 시작되는 2000년 1월 1일에 태어난 아기들을 매스컴에서는 '밀레니엄 베이비'라고 하면서 클로즈업했는데 모 일간지에서는 '즈문둥이'라는 표현을 썼다. '즈문'은 천을 뜻하고, '~둥이'는 아이라는 뜻의 순우리말이다. 어떤 신문사에서는 2007년 민속 명절에 7년 전에 태어났던 즈문둥이 일곱 명의 기저귀 찼던 사진과 함께 그들의 키, 몸무게, 장래희망, 취미 등의 정보를 디지털로 저장하여 2030년에 개봉할 디지털 캡슐에 담는 행사에 대한 기사를 실었다. '즈문둥이'. 웰빙 시대를 대표하는 단어인 '황토방'이나 '신토불이'처럼 정겹고 친근하게 들린다.

　여러분은 또 이런 말을 가끔 들어 봤을 것이다. 막무가내로 부모님께 뭘 사 달라고 떼를 쓰면, 부모님의 목소리 톤이 조금 높아지면서 "골백 번을 졸라 봐라, 내가 꿈쩍이나 하나?"라고 대꾸를 하신다. 이때의 '골'. 요게 바로 순우리말로 10000을 뜻하는 단위이다. 따라서 '골백 번'이란 10000을 100배 한 것이니 '백만 번'을 뜻한다. '골백 번'의 의미를 알았다면 그 말을 듣는 즉시 입을 닫았을 것이다. 하여튼 그래서 100부터는 백 하나, 백 둘, 백 셋……

이렇게 읽거나 백 일, 백 이, 백 삼…… 이렇게 읽는다.

일상생활에서 우리가 자주 접하는 수의 이름은 백, 만, 억, 조 정도까지이다. 맨유 박지성의 몸값이 몇십 억이라더라, 혹은 한 해 국가 예산이 몇 조라더라 등과 같이 말할 때처럼 이런 수들은 주로 돈 때문에 많이 듣게 된다.

그런데 자세히 보면 수의 이름 단위는 일, 십, 백, 천, 만까지는 0이 한 개씩 더 붙는 반면에 그 다음부터는 만 단위로 올라간다. 그래서 만, 십만, 백만, 천만 다음이 억이다. 만이 10의 4승이면 억은 10의 8승이 되고, 조는 억이 만 개 있는 것이니 10의 12승이나 된다. 자, 이제 상식 테스트! 조가 만 개 있을 때 뭐라고 칭할까? 어렴풋이 들어 본 적이 있는 사람도 있겠지? 조의 만 배는 경으로 10의 16승이다. 여기까지만 알자. 그 다음부터는 사실 뭐 그다지 알아도 인생에 도움이 안된다. 그래도 간혹 왜 다음은 안 가르쳐 주냐, 몰라서 그냥 얼버무리는 거 아니냐, 이렇게 딴지 걸어오는 사람들을 위해 적어 놓긴 하겠지만 대다수의 독자는 그냥 넘어가도 된다.

자, 시작한다. 경의 만 배는 해(垓)고, 해의 만 배는 자

(秭)이고, 자의 만 배는 양(穰)이고, 양의 만 배는 구(溝)이고, 구의 만 배는 간(澗)이고, 간의 만 배는 정(正)이고, 정의 만 배는 재(載)이고, 재의 만 배는 극(極)이고, 극의 만 배는 항하사(恒河沙)이다.

헥헥, 숨넘어갈 것 같으니 잠시 쉬었다 가 보자. 방금 나온 항하사는 갠지스 강의 모래알의 개수라고 한다. 왜 뜬금없이 인도에 있는 갠지스 강이 나오냐고? 우리말에서 아주 큰 수를 세는 수의 이름들은 주로 불경에서 왔는데, 불교의 원산지가 인도이니 뜬금없을 것도 없다. 요즘도 인도 사람들은 수학, 그중에서도 특히 대수를 잘한다고 한다. 그런 인도인들이니 큰 수를 세는 단위명사를 일찌감치 고안해 냈고, 그것이 불교를 통해 중국으로 들어가 15세기에는 유명한 수학책 『산법통종』에 실렸으며, 후에 우리나라에 들어오게 된 것이다. 이런 정도의 내용은 아는 척할 때 도움이 된다. 하지만 그런 수를 일상생활에서 말로 표현할 일은 없을 것이므로 괜히 밑줄 쫙 긋고 외우느라 귀중한 시간을 낭비할 필요는 없다.

자, 다시 진도를 나가 볼까? 항하사의 만 배는 아승기(阿

僧祇), 아승기의 만 배는 나유타(那由他), 나유타의 만 배는 불가사의(不可思議), 불가사의의 만 배는 무량대수(無量大數)라고 한다. 진짜 힘들었지? 사실 필자도 이 단위들을 다 외우지는 못하니 힘들었다고 너무 우울해하지는 말자.

'세계 7대 불가사의' 운운할 때처럼, 우리는 흔히 '보통 사람의 생각으로 미루어 보았을 때 헤아릴 수 없이 이상하

고 야릇한 것'을 '불가사의하다'고 한다. 이런 걸 보면 불가사의와 같은 수 이름은 알아둘 필요가 있을 것 같다. 가령 수학에서 늘 꼴찌만 했던 아이가 어느 날 100점을 맞아 왔다고 치자. 그럴 때 그 부모가 그 아이에게 "애야! 매번 수학 때문에 그 고생을 하던 네가 수학에서 100점을 맞은 건 정말 10의 육십사승 같은 일이구나. 이번 시험에선 새로운 방법으로 공부했기 때문이냐? 아님, 무슨 책을 읽고 나서 수학에 관한 마인드가 바뀐 것이냐?"라고 말씀하신다고 상상해 보아라. 이보다 더 좋을 순 없지!!

3 수를 세다가 죽거나 혹은 미치거나 —명수법

위대한 발명가 중에 니콜라이 테슬라라는 사람이 있다. 어려운 말로는 유도전동기, 카센터 아저씨 표현을 빌리면 '모타', 우리가 잘 쓰는 말로는 '모터'를 만든 사람이다. 이 사람은 가정용 전력으로 활용되는 교류 발전기를 만들기도 했다. 언젠가 TV 프로그램인 「스펀지」에 에디슨이 사형용 전기의자를 발명했다는 내용이 소개된 적이 있는데, 그 계기를 마련한 사람 역시 니콜라이 테슬라이다. 우리가 잘 아는 에디슨이 만든 전기는 직류 전기인데, 그는 이것으로 상당한 상업적 이익을 거두고 있었다. 그런데 테슬라가 교류 전기를 들고 나타난 것이다. 밥그릇을 빼앗길 수 없기에, 에디슨은 교류 전기의 위험성을 경고하기 위해

'사형용 전기의자'를 만들었다. 물론 전기의자에 사용된 전기는 교류 전기였다.

어쨌든 뭐, 이런 스토리의 주인공인 테슬라는 묘하게도 수에 대한 강박관념을 가지고 있었다고 한다. 그는 무엇이든 3의 배수만을 고집했다. 매일 정확하게 열여덟 장의 깨끗한 수건을 요구했고, 동네 주위를 세 번씩 산보했으며, 저녁 식사 때는 항상 열여덟 장의 냅킨을 쌓아 놓았고, 알타비스타 호텔에서 머물 때에는 207호 방을 선택했다고 한다. 원래 특출한 사람은 일상생활에서도 기인적인 행동을 하는 법이다. 필자는 이처럼 수에 집착을 보이는 사람들을 한동안 이해하지 못했다. '세상에 있는 미생물들을 싸그리 모아서 그 수를 세어 보면 몇 마리나 될까?' 이런 호기심을 가진 사람들. 그걸 그냥 혼자 궁금해하면 될 것을 괜히 가만히 있는 주변 사람에게 물어보아 난감하게 만드는 사람들. 하지만 이런 부류의 호기심과 상상력을 가진 사람이 수학을 발전시킨다는 것을 알아야 한다. 수학자들은 이러한 질문에 대한 해답을 주기 위해 노력하는 사람들로 태어났기 때문이다.

지금까지 나와 있는 수의 단위 중 가장 큰 수의 단위는 '구골 플렉스'이다. '구골 플렉스'를 설명하기 위해서는 먼저 구골을 설명해야 할 것 같다. 1938년 미국의 에드워드 캐스너라는 수학자는 10의 100승이라는 수를 만들고 그 이름을 '구골(googol)'이라고 붙였다. 어디서 많이 들어 본 이름과 비슷할 것이다. 컴맹이 아니라면 검색 사이트 구글(google)과 비슷하게 생겼다는 것을 금세 알아챌 수 있다. 맞다. 구글은 '인터넷의 광대한 정보를 모두 담겠다'는 야심으로 구골을 변형시켜 붙인 이름이란다.

하여간에 구골은 엄청 큰 수이다. 아까 잠깐 흘려들은 갠지스 강의 모래알 수(항하사, 10의 52승)보다 크다. 너무 커서 상상도 할 수 없으니 그냥 그런 게 있는가 보다 하고 넘어가자. 그런데 구골 플렉스는 그보다 더 큰 수의 단위로, 이름하여 '10의 구골 제곱'이다. 침대에 계속 누워서 책을 보자니 눈도 피곤하고 팔도 아파 온다면 노트 펴 놓고 한번 계산해 보아라. 그리고 0의 개수를 세어서 필자에게도 좀 알려주기 바란다.

어쨌든 에드워드 캐스너는 조카인 아홉 살짜리 꼬마, 밀

턴 시로타로부터 힌트를 얻어 구골 플렉스라는 개념을 고안해 냈다고 한다. 영특한 어린 꼬마가 던진 질문이 수학의 수 개념을 확장한 것이다. 그럼 이번에는 '큰 수'의 반대 개념인 '작은 수'를 생각해 볼까나?

온 국민의 필수품이 되어버린 컴퓨터 안에는 마이크로 칩이 들어 있다. 이때 이 '마이크로'는 10의 마이너스 6승

(10^{-6})에 해당하는 단위이다. 뭐, 별것 아닌 것처럼 보인다. 구골 같은 큰 수의 단위도 있으니 놀랄 일은 아니다. 그런데 요즘 보면 마이크로는 한물갔고, '나노'라는 말이 종종 쓰인다. 이때 나노는 그리스어로 '난쟁이'를 뜻하는데, 그 크기는 10의 마이너스 9승(10^{-9})이다. 별로 감이 잡히지 않으니까 구체적으로 예를 들어 보자. 1나노미터는 머리카락을 8만 번 정도 쪼갠 것과 같은 굵기, 즉 $\dfrac{1}{80000}$이라고 한다. 시력 2.0이더라도 육안으로는 절대 볼 수 없는 굵기이다.

2004년, 우리나라 전자산업의 대표 주자인 삼성전자에서는 60나노 8기가 플래시 메모리를 개발하였다. 이는 전자회로의 선로의 폭이 머리카락을 8만 번 쪼갠 것을 60개 정도 모아 놓은 굵기에 해당한다는 것이니, 우리 모두 가슴 뿌듯함을 느껴도 된다. 또 삼성에서는 '황의 법칙'을 야심 차게 발표하여 전 세계 IT인들에게 신선한 충격을 주었다. 이는 18개월마다 메모리의 용량을 2배로 만들 수 있다는 것이었는데, 말만 앞선 것이 아니라 삼성의 연구 능력을 그대로 입증하였기 때문이다.

인간은 꿈꾸는 것만큼 이룰 수 있다. 인간이 머릿속에서 상상했던 것은 항상 이루어져 왔고, 또 앞으로 언젠가는 이루어질 것이라고 필자는 믿는다. 만약 인간이 그토록 작은 수의 세계를 꿈꾸지 않았다면 지금 여러분은 디카와 플래시 메모리, MP3가 내장된 휴대폰을 들고 다닐 수 없었을 것이다. 수를 세다가 죽거나 혹은 미치더라도 자신의 궁금증과 호기심을 위해 연구에 전력한 수학자들이여, 그들에게 신의 축복이 있을지어다.

발명왕 에디슨은 초등학교를 3개월밖에 못 다닌, 요즘 말로 하면 학습 부진아였다. 수학에서 가장 먼저 배우는 '1+1=2'를 아무리 가르쳐도 이해를 못하였다니까!! 답답한 선생님이 손가락으로 1+1을 2라고 설명했더니, 에디슨은 손을 옆으로 돌리면서 하나로 보인다고 우겼다. 이것을 보고 다른 아이들까지 모두 따라하는 바람에 선생님이 화를 내며 그의 어머니를 불러 "당신 아이는 학교에 보내지 말아 주십시오"라고 자퇴를 종용한 일화는 유명하다.

에디슨의 어머니는 아이를 불러 놓고 물었다.

"에디슨! 너는 왜 '1+1=1'이라고 생각하니?"

"선생님께서는 '호랑이가 있는 곳에 토끼가 한 마리 왔단다. 그럼 모두 몇 마리지?' 라고 물으셨어. 그런데 선생님은 답이 '두 마리' 라고 하셨지만 나는 한 마리라고 생각되거든. 호랑이가 토끼를 잡아먹으니까! 또 물방울과 물방울이 합쳐지면 물방울 하나가 되고, 두 개의 불씨도 합쳐지면 하나가 되잖아. 그러니까 1 더하기 1은 1이야."

아아!! 위대한 발상을 하는 천재 꼬마여!!

에디슨 어머니는 즉시 아들의 말에 동의를 했다. 물이나 불은 하나, 둘, 셋…… 하면서 셀 수 없는 물질이라는 것을 알아차린 것이다. 영어에서는 이런 것을 보통명사와 구별하여 물질명사라고 하지 않는가? 그 아들에 그 어머니였다. 보통 엄마들이라면 아이의 창의성을 알아차리지 못하고 상식과 고정관념으로 대번에 "아이고 답답해, 하나에 하나를 더하면 둘이지 왜 하나가 되니?"라고 버럭 소리를 질렀을 것이다. 그러나 지혜로운 그의 어머니는 홈 스쿨링을 통해 아들의 창의력을 훌륭하게 발전시켰으니 성공한 교육자라 할 수 있겠다. 그런 어머니 덕분에 후에 에디슨은 전기뿐만 아니라 축음기, 전기난로, 토스터(아침 식사를 준비하는 아내를 위해 만든), 여러분들이 잘 사 먹는 와플을 만드는 기계에 이르기까지 수많은 물건을 발명하여 발명왕이라는 별명을 얻은 것이다. 팁으로 살짝 알려 줄 것이 있다. 강원도 정동진에 가면 소리박물관이 있는데 그곳에서 에디슨이 만든 다양한 축음기와 발명품들을 볼 수가 있다는 것!

이 책을 읽고 있는 초등생이 있다면 엄마에게 가서 아주 천진난만한 표정으로 이렇게 말해 봐라. "엄마, 1 더하기 1은 왜 2에요? 제가 볼 때 1 더하기 1은 10인데 말이에요." 교육열 높은 우리나라 엄마들, 에디슨의 일화 정도는 다 알고 있다. 저런 질문을 들은 엄마들은 '혹시 우리 아이가 에디슨과 같은 천재?' 라는 생각으로 목소리를 떨면서 물어볼 것이다. "왜 10이라고 생각하니?" 그때 더욱 천진난만한 표정으로 이렇게 대답해라. "이진법에서는 1 더하기 1이 10이니까요." 여러분의 어머니, 아마 눈이 똥그래져서 "우리 아이는 디지털 시대에 꼭 맞는 디지털 영재"라며 피자 한 판을 시켜 줄지도 모른다. 아, 하지만 중딩이나 고딩들의 경우에 이것은 안 통하는 이야기니 시도할 생각도 하지 말자.

　진법에 대한 이야기를 하기 전에 분위기 좀 업! 해 보려고 너스레를 떨어 보았다. 자, 본론으로 들어가서, 「매트릭스」라는 영화를 떠올려 볼까? 주인공 네오가 스미스 요원의 공격으로 죽었다가 다시 살아나는 장면(필자는 그게 가능한지 어떤지 지금도 몽롱하게 헷갈린다)에서 화면 가득 나타나는 숫자가 기억날 것이다. 그것들을 자세히 살펴보면 전부 0과 1로만 되어 있다. 왜? 디지털 신호는 0과 1로 구성되기 때문이다. 그렇다면 그건 또 왜 그럴까?

　이렇게 생각해 보자. 전구가 하나 있는데 그 전구를 가지고 무언가 신호를 보내야 한다면, 방법은 불이 들어올 때와 안 들어올 때, 이 두 가지를 조합하는 것이다. 디지털의 핵심 원리가 바로 이것이다! 디지털 신호에서 0은 전기가 흐르지 않을 때이고, 1은 전기가 흐를 때이다. 디지털 신호로는 일찍이 모르스가 ─과 · 으로 만든 모르스 부호가 있다. 그런데 ─과 · 을 사용하는 대신에 1과 0을 사용한 것뿐이다. 그렇다면 어떻게 해야 이 방식으로 컴퓨터에게 9를 알려줄 수 있을까? 1001을 보내면 된다. 이진법으로 1001은 십진법으로 9이기 때문이다.

십진법은 1, 2, 3…… 이렇게 세어 가다가 10이 되면 한 자리가 올라가지만, 이진법은 2가 되면 한 자리가 올라간다. 그러니까 1001은 '$1 \times 2^3 + 0 \times 2^2 + 0 \times 2^1 + 1$' 이다. 계산해 보면 8+1, 즉 9가 된다. 9를 알려 주려면 이렇게 이진법으로 고쳐서 컴퓨터에게 가르쳐 주면 된다.

어려운가? 사실 크게 어려울 것이 없다. 진법은 '수의 묶음' 이라고 생각하면 된다. 십진법에서는 열 개가 한 묶음이 되면 한 단위가 올라간다. 그러니까 23은 열 개짜리 묶음이 두 개, 한 개짜리 묶음이 세 개 있다는 말이다. 오진법으로 23은 다섯 개짜리 묶음이 두 개, 한 개짜리 묶음이 세 개 있다는 말이다. 그러니 오진법 23은 십진법으로 13이 된다($2 \times 5^1 + 3 \times 1$). 이진법으로 23은 얼마일까? 이진법으로는 23이란 숫자를 쓸 수 없다. 두 개가 한 묶음이 되면 단위가 하나 올라가고, 0과 1 이외의 다른 수로는 표기할 수가 없기 때문이다.

자, 이제는 십진법을 이진법으로 고치는 방법에 대해 생각해 보자. 이것은 교과 과정에 나오는 것이니 여기에서 확실하게 알아 두자. 아마 수업시간에 이렇게 배웠을 것이다. 십진법 수를 2로 계속 나눠 가는데 만약 나눠서 떨어지면 0을, 1이 남으면 1을 옆에 쓴다. 그리고 마지막으로 밑에서부터 나머지들을 읽어 나가면 된다.

13을 2진법으로 표시하면? $1101_{(2)}$

```
2 ) 13
2 )  6 … 1
2 )  3 … 0
     1 … 1
```

필자도 그렇지만 대부분의 학생들은 무작정 외우는 거, 정말 싫어한다. 원리라도 알고 외워야 직성이 풀린다. 왜 13을 2로 나눠 가는 걸까? 열세 개의 꽃송이를 두 개씩 묶어 간다고 생각하면 된다. 그러면 여섯 개의 묶음과 한 개가 남게 되는데 두 개씩 묶을 수 없는 한 개가 1의 자리가 된다. 그 다음 두 개짜리 묶음 여섯 개를 다시 두 개씩 묶어 보자. 그러면 세 개의 묶음이 생기고, 나머지는 없다. 그러면 2^1 자리에는 남는 것이 없다. 즉, 0이 된다. 자, 이제 네 개짜리 묶음이 세 개 있다. 이걸 다시 두 개씩 묶어 보면 여덟 개짜리 묶음이 한 개 생기고 네 개짜리 묶음이 한 개 남게 된다. 따라서 2^2자리는 1이 된다. 마지막으로 여덟 개짜리 묶음 한 개만 있으니까 더 이상 묶을 수가 없고, 그래서 2^3자리도 1이 되는 것이다. 처음 이해할 때는 이미지 시대니까 그림이 훨 좋지만 위의 표처럼 도식화해 버리면 아주 편리해진다. 이처럼 이진법의 세상은 2는 안 보이고 0과 1로만 이루어진 세상이다.

복습을 겸하여 십진법을 오진법으로 바꾸는 방법도 생각해 보자. 십진법 298을 오진법으로 나타내려면 어떻게 할까?

$$
\begin{array}{r}
5\ )\ \underline{298} \\
5\ )\ \underline{\ 59} \cdots 3 \\
5\ )\ \underline{\ 11} \cdots 4 \\
2 \cdots 1
\end{array}
$$

이때는 298개의 구슬을 다섯 개의 단위로 묶는다고 생각하면 좋다. 다섯 개씩 묶어 보면 다섯 개짜리 묶음이 59개가 되고 3개가 남는다. 그러면 1의 자리는 3이 된다. 다섯 개짜리 묶음을 다시 다섯 개씩 묶어 보자. 열한 개의 묶음이 생기고 다섯 개짜리 묶음은 4개 남는다. 자연히 5^1자리는 4이다. 5^2짜리 묶음, 그러니까 25개짜리 묶음 열한 개를 다시 다섯 개씩 묶어 보자. 두 개의 묶음이 생기고 25개짜리 묶음은 1개 남게 되어 5^2 자리는 1이다. 마지막으로 125개짜리 묶음은 2개가 생겼으니 5^3자리는 2이다. 따라서 십진법으로 298은 오진법으로 2143이다. 역시 5는 없고, 5보다 작은 0, 1, 2, 3, 4로만 이루어진 세계인 것이다. 완벽하게 맞는지 검산을 하고 싶다면 다음과 같이 하면 된다. $2 \times 5^3 + 1 \times 5^2 + 4 \times 5^1 + 3 \times 1 = 298$. 우와! 완벽하다.

지금까지 숨 가쁘게 진법에 대해 공부해 봤다. 약간 헷갈릴 수도 있다. 사실 우리의 일상생활에서는 십진법이 통용된다. 아라비아 숫자 체계 자체가 십진법으로 되어 있기 때문이다. 따라서 생활하면서 오진법이나 이진법, 칠진법, 60진법 등은 흔적 정도로만 접하게 될 뿐이다. 가령 엄마를 따라서 재래시장에 한번 가 보아라. 생선 가게에서 어머니가 "고등어 '한 손' 주세요" 하면 가게 주인이 고등어 두 마리를 줄 것이다. 이것이 이진법의 흔적이다. 또 우리는 일주일을 7일 단위로 환산하는데, 이것이 또한 칠진법의 흔적이다. 연필 한 다스는 열두 자루고, 열두 달이 1년이니 이것들은 모두 12진법인 셈이다. 그렇다면 60초가 모여 1분이 되고 60분이 모여 한 시간이 되는 것은 무슨 진법일까? 그렇다. 이것은 60진법이다.

하지만 그 모든 표기를 아라비아 숫자 체계(십진 위치적 기수법)로 하기 때문에 우리에게 제일 자연스러운 것은 십진법이다. 십진법은 마치 공기처럼 우리에게 자연스럽게 일상화되어 있기 때문에 다른 진법은 어색하지만, 그래도 관습적으로 생활 곳곳에 있는 흔적은 지워지지 않고 있다. 다만 사람의 손가락이 열 개이기 때문에 생활에서도 십진법이 자연스럽게 채택되었다는 설이 가장 설득력이 있으니 그렇게 믿자. 혹시 누군가 찾아와서 "이진법으로 100000000원 줄 테니까 같이 일해 보지 않을래?"라고 제안한다면 속지 마라. 만우절이라면 속아 넘어가 주는 것도 괜찮지만 그 외엔 절대 사절해야 한다. 1억 원이 아니라 256원밖에 안되거든!

5 우리 조상들은 손가락이 다섯 개였나? −진법에 관하여(2)

생뚱맞은 질문을 하나 해 볼까나? 우리나라의 국기는? 너무 당혹스럽게 생각하지 마라. 이진법에 관해 조금 더 이야기하기 위해서니까.

태극기를 뚫어지게 쳐다보면 거기에 이진법의 원리가 깃들어 있음을 알 수 있다. 중앙의 태극 문양이 그렇고, 네 모서리를 장식하고 있는 '건, 곤, 감, 리'의 막대 모양이 그렇다. 옛날부터 동양에서는 두 가지 막대를 써서 앞으로 일어날 일의 좋고 나쁨을 점쳤다. 우리는 그것을 '역(易)'이라고 부른다. 태극기의 건곤감리는 그 '역'의 원리의 일부분이다. 우리가 잘 아는 『주역』이라는 책은 주나라 시대의 역을 말하는 것으로, 천지만물이 끊임없이 변화하는 원리를 설명하고자 한 심오한 중국의 철학서이다. 책을 묶은 가죽끈이 세 번 끊어질 만큼 공자가 애독했다는 바로 그 책이기도 하다.

자, 주역의 원리에 대해 조금만 더 살펴보자. 주역의 기본 단위는 효(爻)이다. 주역에서는 '一'을 양이라고 하고, '--'을 음이라고 한다. 이는 모르스 부호의 ─, ·와 같은 개념이고 또 2진법의 1과 0에 각각 대응시킬 수가 있다. 세 개의 효를 배열하여 모든 경우의 수를 나열하면 8괘가 만들어진다.

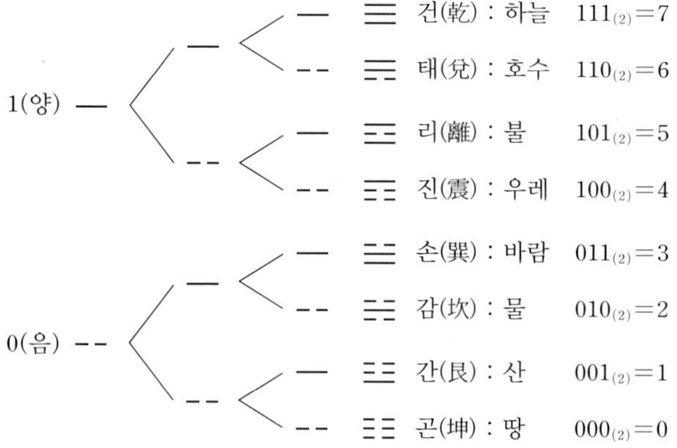

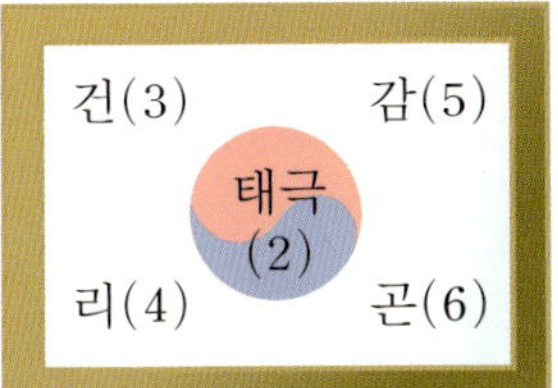

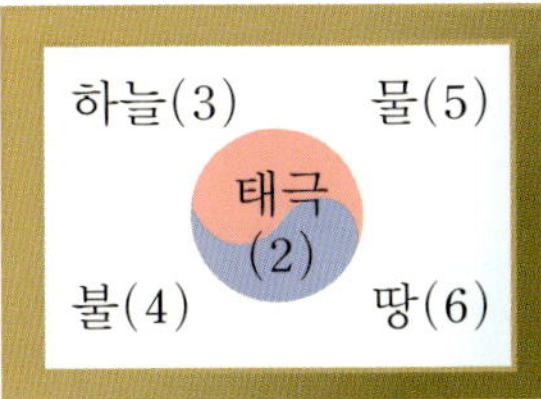

태극기의 원리를 이해할 때 '건, 곤, 감, 리'보다는 3, 4, 5, 6으로 암기를 해야 쉽게 잊어버리지 않는다. 헌데 여기서 중요한 원리를 발견할 수 있다. 주역에서 '건, 리, 감, 곤'은 곧 하늘, 불, 물, 땅을 의미한다는 것이다.

하늘은 공기요 땅은 흙이니, 다시 말하면 공기, 물, 불, 흙을 우주의 기본 물질 4원소라고 주장했던 고대 그리스인들의 생각과 일치함이 어찌 우연이라고만 할 수 있으랴! 역시 진리란 동양인과 서양인이 구별 없이 알아차리는 '스터지'(스스로 터득한 지식)인가 보다.

음과 양, 이 두 개의 기호로 8괘가 만들어지고, 이 8괘의 조합으로 64괘가 나오는데, 이 괘를 통해 세상과 인간의 운명을 점치는 방법이 바로 주역인 것이다. 그런데 이 8괘를 이진법 숫자로 표시하면

$$111, 011, 101, 001, 110, 010, 100, 000$$

이 된다. 이진법의 0에서 7까지의 수와 꼭 들어맞으니 신기할 뿐이다. 별다른 원리 없이 조합한 것 같은데, 8괘는 이진법의 0부터 7까지의 수라니, 놀랍지 않은가. 이런 사실을 처음 간파해 내고 지적한 사람이 있다. 역시 평범한 사람은 아니다. 바로 독일의 철학자 라이프니츠이다.

라이프니츠가 누구인가? 1446년 비슷한 이름의 도시 라이프치히에서 태어나 15세의 나이에 라이프치히 대학에 입학한 천재이다. 모 대학교에 입학한 한국의 천재 꼬마 송유근과 비교하면 누가 더 천재일지 모르겠지만, 아무튼 라이프니츠는 대단한 천재였다. 겉으로는 법학을 공부하겠다는 목적을 가지고 있었지만, 속으로는 모든 것을 공부하겠다고 생각했단다. 법에 관해 쓴 단 한 편의 글이 마인츠의 제후의 눈에 띄어 외교관으로 임명된 라이프니츠는 법, 종교, 정치, 역사, 철학, 문헌학, 논리학, 경제학 그리고 과학과 수학에 지대한 공헌을 한 논문, 수필, 편지 등을 엄청나게 써 냈다. 그래서 별명이 '걸어 다니는 학교'였다고 한다.

솔직히 필자는 이런 종류의 사람들을 접하면 좀 주눅이 든다. 그래서 속으로는 '이런 천재는 아마 인간성이 좀 더 럽거나, 결코 행복한 생을 살지는 못했을 거야. 행복은 평범 속에 있거든' 이렇게 말하며 자위하기도 한다. 영화 「아마데우스」에서는 당시 우수한 작곡가 살리에르가 천재 모차르트를 보고 처음에는 열등감을 느끼다가, 점차 시기심과 질투심이 커지면서 나중에는 모차르트를 죽이기까지 하려는 스토리가 전개된다.

모차르트의 아름다운 음악과 함께 예리하게 묘사된 살리에르의 심리가 충격을 주었던 이 영화는 보통 사람의 머리로 박사학위 논문을 힘겹게 쓰던 시절의 필자에게 마음의 위로가 되기도 했다.

어쨌든 중국에 선교사로 가 있던 라이프니츠의 친구가 『주역본』에 나오는 도해를 라이프니츠에게 보내 주었고, 라이프니츠는 그 도해를 보고 이진법을 처음으로 고안해 내면서 동양에서는 오래 전부터 이진법이 있었다는 사실에 놀라 동양 수학을 극찬했다고도 한다. 현대 과학의 주역인 컴퓨터의 기본 원리인 이진법이 동양의 주역에서 탄생되었다는 사실은 매우 흥미롭다. 필자는 예전에 컴퓨터로 사주팔자를 보는 것이 뭔가 서로 어울리지 않는 일이라고 생각했는데, 이제 보니 궁합이 맞아도 아주 잘 맞는 일인 것 같다!!

자, 이제는 태극기에서 눈을 떼어 주판을 쳐다보자. 좀 이상하다고 생각되지 않는가? 우리가 늘 사용하는 십진법 체계로 되어 있다면 아래쪽에는 아홉 개의 구슬이 꿰어져 있어야 정상이다. 9에서 한 자리 올라가니까. 그런데 네 개뿐이다. 왜 그럴까? 눈치 빠른 사람은 알아챘겠지? 오진법이기 때문이다. 앞서 인간의 손가락이 열 개이기 때문에 십진법이 자연스럽게 정착되었을 것이라고 주장하는 설이 있다고 했다. 그런데 한 손에는 손가락이 다섯 개씩 있으니 오진법이 더 자연스러울 수도 있다. 오른손으로 다섯 개를 헤아리고 나면 왼손의 손가락 한 개를 올리는 방식으로 계산하는 것이 더 쉬울 수도 있는 법이다. '주판'은 이를 입증하는 것 같다.

원래 주판은 지금처럼 위쪽에는 한 개의 구슬, 밑에는 네 개의 구슬이 꿰어져 있는 형태가 아니었다. 초창기에

는 위에 두 개, 밑에는 다섯 개의 구슬이 꿰어져 있었으니,

다시 말하면 윗칸의 알 한 개가 밑칸의 알 다섯 개에 해당

하는 형태였다. 그렇게 사용하다 보니 밑칸의 다섯 번째 알

은 별로 필요가 없다는 사실을 알게 되어 네 번째에서 다섯

번째가 되면 윗칸의 알을 내리면서 하나를 없애 버렸고, 윗

칸의 알도 이런 이유로 하나면 충분했다. 두 개를 다 내려

야 하는 상황이 되면 왼쪽의 알을 하나 밀어 올리면 되었으니까.

우리 선조들은 오진법이 체질에 맞았던 모양이다. 어렸을 때부터 자연스럽게 사용한 오진법의 예로 여러분은 正을 기억할 것이다. 필자는 正正正…… 등으로 표시를 해 가면서 어렸을 적에 국어책을 반복해서 읽고, 줄반장이었을 때 인원수를 점검했던 기억도 있다.

뿐만 아니라 '서산'이라고 하는 도구도 오진법 체계로 구성이 되어 있다. 서산은 책 서(書)자에 셀 산(算)자이다. 한자 나온다고 머리에 쥐 난다는 독자들 많겠지만, 별것 아니다. 쉽게 말해 책을 몇 번 읽었는지를 세는 正자와 같은 도구이니까 말이다. TV에서 사극 드라마를 보노라면 댕기머리를 하고 한복을 입은 조선 시대의 꼬마 녀석들이 천자문과 사서삼경을 줄줄 외우는 장면을 볼 수 있다. 어떻게 그걸 다 외웠을까? 옛날 어린애들이 모두 영재라서? 아니다! 읽고, 읽고 또 읽어야 외울 수 있었던 것이다. 그런데 사람이 지루한 일을 계속하려면 지금까지 얼마나 했는지, 또 앞으로는 얼마나 더 해야 하는지를 한눈에 알아볼 수 있도록 표시를 하는 게 필요하다. 그래야 결심이 흔들리지도 않고 헷갈리지도 않으니까. 책상 앞에 'D-day, −100일' 과 같은 글귀를 써 놓는 것도 다 그런 이유 때문이다. 우리 조상들도 그런 의도로 책을 읽은 횟수를 세었던 모양이다. 그 도구가 바로 '서산' 이다.

재미있는 것은 이 '서산' 이 바로 주판과 꼭 같은 원리인 오진법으로 만들어져 있다는 것이다. 서산은 위의 그림처럼 생겼는데, 한 번 읽을 때마다 아래쪽 길쭉한 종이를 접어 제친다. 그러면 그 아래 검은 종이가 드러나게 되어 다른 것들과 구별이 된다. 네 번째까지 읽고, 한 번 더 읽으면 위쪽 종이를 제치니, 이는 곧 다섯 번 읽었다는 말이다. 우리 조상들도 과거 시험을 보기 위해서 이런 도구를 사용해 가면서 머리 굴리고 열심히 공부했음을 알 수 있다.

(-)×(-) = (+)
Ⅲ
수는 많다

엽기적인 마야인들의 숫자

지중해 연안에서 이집트와 메소포타미아가 문명을 이룩하던 시기에 중앙아메리카 지역에도 사람이 살기 시작하였다. 중앙아메리카의 땅은 메소포타미아 못지않게 비옥하였고 기후 또한 사람이 살기에 온난했다고 한다. 그러나 이집트와 메소포타미아와 같은 고도로 발달한 문명을 이룩하지 못하였기에 중앙아메리카는 늘 역사에서 주연이 못되고, 조연으로 머물러야 했다.

마야인들은 기원전 300년경에 유카탄 반도를 중심으로 문명을 이룩하기 시작하면서 기원전 100년경에 문명의 꽃을 피우게 된다. 그들의 건축물이 문명의 증거이다. 그들은 독특한 건축술로 계단형 피라미드를 건설했는데, 속에 잡석을 넣고 겉면을 석고로 두껍게 바르면서 거대한 계단형 피라미드를 지은 후에, 계단의 맨 꼭대기에 사원을 세웠다. 높은 것은 60m라고 하니까 요즘 우리 식으로 생각하면 약 20층이 넘는 아파트의 높이인 셈이다. 계단의 양 옆에는 신들의 마스크를 세웠는데 그들은 매우 소름 끼치도록 잔인한 민족이었다고 한다. 스스로 몸을 자해하였고, 사람을 신께 제물로 바치기도 했는데 심하게 고문을 한 다음에 목을 쳐서 바치거나, 고문을 한 후에 아직 숨이 끊어지지 않은 사람의 가슴에서 심장을 꺼내는 일도 서슴치 않고 행하는 엽기적인 민족이었다고 한다.

그들의 천문학적 사고 또한 특이하다. 그들은 천구는 열세 개의 층으로, 지하 세계는 아홉 개의 층으로 되어 있으며, 지구는 수련과 물고기들이 가득한 커다란 연못 속에 누워 있는 거대한 도마뱀 또는 악어의 등으로 생각했다고 한다. 그들은 점을 치기 위해 해와 달, 그리고 샛별인 금성을 세밀하게 관찰하다가 기원후 300년경부터는 상형문자 체계를 사용하여 천문학과 역사적 사건을 기록하였고 셈법을 발달시켜나갔다. 여기에서 마야인들이 사용했던 수 체계를 한번 살펴보기로 한다.

숫자	마야 숫자	숫자	마야 숫자
0		10	
1		11	
2		12	
3		13	
4		14	
5		15	
6		16	
7		17	
8		18	
9		19	

위의 표는 1부터 20까지 마야 숫자의 목록이다.

마야인들은 수 체계에서도 역시 독특성을 발휘한다. 어느 민족이든 수를 쓸 때에는 보통 가로로 썼건만 그네들은 세로로 썼다. 이집트인처럼 십진법을 사용하지 않았고, 메소포타미아인처럼 60진법도 사용하지 않았다. 그럼 이들은 몇 진법을 사용했을까? 약수가 많은 수를 생각해 보자. 12의 약수에서 1과 자기 자신을 빼면 약수가 2, 3, 6, 세 개가 된다. 그럼 16은? 역시 2, 4, 8, 세 개가 된다. 그렇다면 20을 생각하지 않을 수 없다. 20은 1과 자기 자신을 빼면 약수가 2, 4, 5, 10, 네 개나 된다. 이건 순전히 필자의 추측이다. 하지만 그럴싸하지 않은가? 왜냐하면 많은 수학사 연구가들이 메소포타미아인이 60진법을 사용했던 이유를 약수가 많기 때문이라고 추측을 하기 때문이다. 물론 30은 20보다 약수가 많지만 30을 한 단위로 생각하려면 20보다 큰 수이므로 오히려 불편함을 느낄 수도 있다. 아무튼 그네들은 20진법을 사용하면서 살아갔다. 20진법을 사용하면서 수학적 이론은 거의 체계적으로 발달시키지 못하였고, 단지 상거래와 나라를 다스리는 데 필요한 숫자를 사용했을 것으로 추측을 한다. 입증할 만한 유적물이 없기 때문이다.

마야인들의 수를 한번 써 보자. 249와 307은 다음과 같이 썼다.

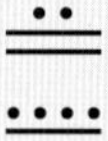

$$
\begin{array}{cc}
\overset{\bullet\,\bullet}{\overset{=}{\underline{\;\;}}} & \overset{\bullet\,\bullet}{\equiv} \\
\bullet\,\bullet\,\bullet\,\bullet & \\
(249) & (307)
\end{array}
$$

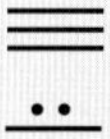

$249 = 12 \times 20 + 9$이며, $307 = 15 \times 20 + 7$이기 때문이다. 그들은 20진법을 사용하면서도 1, 20, 400으로 수 체

계가 나아가지 않았고 1, 20, 360의 수 체계를 사용했다. 다시 말하면 360＝20×18이므로 마야인의 수 체계는 20진법과 18진법이 혼합되어 엄밀한 의미에서는 20진법이라고 말할 수가 없다.

　이번에는 천 단위의 숫자, 2277과 2920을 표시하여 보자. 2277＝6×360＋5×20＋17, 2920＝8×360＋2×20＋0 이므로 다음과 같이 썼다.

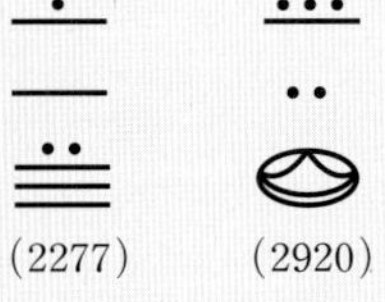

(2277)　　(2920)

　거대한 계단식 피라미드를 건축하면서 독특한 문화를 형성하던 마야인들! 1,000년간 문명 도시를 이루면서 번영을 하였건만, 기원 후 9세기 말에는 몰락하면서 역사의 무대에서 사라지고 만다.

1 빛 곱하기 빛은 이익이다?
─자연수, 음수, 그리고 정수

우리가 '수' 하면 떠올리는 것은 일반적으로 자연수이다. 만성 적자에 시달리는 회사 사장님이나 회계담당 직원은 다를지 모르겠지만(아마 숫자 앞에 ─ 기호가 붙어 있는 강박에 시달리지 않을까?), 대체적으로는 '수' 하면 1, 2, 3, 4…… 이렇게 계속되는 '자연수', 즉 양의 정수를 떠올린다. '자연'적으로 떠오르는 수라고 해서 자연수라고 이름을 지었다는 설도 있는데, 생각해 보면 아주 오래 전에는 자연수만으로 충분했을 것이다. 사과 몇 개, 돌도끼 몇 개 정도만 셀 수 있으면 되었겠지?

그런데 살다 보면 이런 경우도 있다. 가령 장사를 한다고 하자. 열심히 산지에서 물건을 사고, 그걸 가지고 시장에 가서 내다 팔았다. 정신없이 장사를 하고 나서 얼마를 벌었는지 계산을 해 보았다. 근데 내가 들인 돈은 5만 원인데 갚아야 할 돈은 8만 원이 되어 버렸다. 알다시피 '순매출−지출＝순이익'인데, 그렇다면 이때 순이익은 얼마일까? 이런 상황에서는 50000−80000이라는 셈을 해결할 수 있는 계산법이 필요하다. 기원전 수 세기 전부터 인도와 중국에서는 이런 셈을 할 줄 알았다. 그래서 인도 사람들은 음수를 '부채'라고 불렀다. 더울 때 부치는 그 부채가 아니라 빚을 뜻하는 부채 말이다.

6세기 경 수학자 브라마굽타는 음수의 사칙 연산에 관한 책을 남기기도 했다. 그리고 중국 사람들은 계산에 쓰이는 대오리를 빨갛게 물들여서 표시했다. 눈치 빠른 사람은 금방 알았을 거다. 맞다. '적자'라는 말은 바로 빨갛게 물들인 대오리에서 유래했다. 혹시 엄마 가계부 결산란에 빨간 숫자가 적혀 있다면 이것이 곧 '적자' 상황이니 용돈 달라고 조르지 말아야 한다. 이럴 때에는 엄마 심기를 건드리지 말고 어깨나 주물러 드리는 게 좋다.

그런데 유럽에서는 이 음수의 개념이 아주 늦게 정착되

었다. 사실 유럽의 수학자들은 이슬람 문서를 통해서 음수에 관해 알고 있기는 했다. 하지만 수세기 동안 음수는 의미도 없고 실용성도 없다고 생각했다. 15~16세기 경 수학자 슈케와 슈티펠도 음수를 모순적인 수로 생각했고, 비에트는 아예 음수를 취급하지 않으려고 했다. 유럽에서 음수를 받아들이게 된 것은 데카르트가 음수를 직선 위에 나타내면서부터였지만, 그 데카르트조차도 음수는 잘못된 수라고 생각했다. 우리에게는 매우 익숙한 음수가 도대체 뭐길래 '나는 생각한다, 고로 존재한다' 는 유명한 말로 근대 철학의 아버지라 불리고, 해석기하학의 창시자로 통하는 데카르트조차 잘못된 수라며 인정하지 않으려 했던 것일까.

이유는 음수가 '0보다 작은 수' 였기 때문이다. 어라? 진짜 이상하긴 이상하다. 맛있는 별사탕을 다섯 개 가지고 있다가 다 먹고 나면 나머지는 하나도 없다. 0이다. 그런데 '아무것도 없음' 보다 작은 수가 있다니 말이 안 되는 것 같다.

'그렇구나. 음수는 말이 안 되는 것이구나' 라고 생각했다면 필자에게 말려든 거다. 물론 당시 수학자들은 대부분 음수를 0보다 작은 수라고 하면서 실제로는 존재하지 않는 가짜의 수라고 생각하고 있었다. 하지만 생각을 바꿔 역발상을 한번 해 보자. 그럼 '실제로 존재하는 수'는 뭔가? 우리가 먹은 건 별사탕이지 1, 2, 3, 4, 5라는 수를 먹은 것은 아니다! 그러니 어차피 추상적이기는 마찬가지이다. 양수든 음수든 수라는 것은 인간이 만들어 낸 추상적 개념일 뿐이라는 것이다. 별사탕의 개수를 세기 위해 양수라는 개념을 고안해 낸 것이라면, 음수 역시 실제로 필요해서 인간이 고안해 낸 개념이다. 우리 생활에서 얼마나 많은 음수가 쓰이는지 궁금하다면 한겨울의 일기예보를 들어 봐라. "오늘 기온은 영하(마이너스) 10도입니다. 이불 둘러 감고 외출하십시오."

온도계를 한번 자세히 쳐다보자. 가운데 0℃를 기점으로 위쪽은 영상(＋), 아래쪽은 영하(－)이다. 가운데 적혀 있는 0은 이 온도계에서 '없음'을 의미하는 게 아니다. 없긴 뭐가 없어?? 이 경우의 0은 '기준'을 의미한다. 마치 지표면을 기준으로 삼아, 주차장에서 밑으로 내려가면 지하 1층, 지하 2층이라고 하듯이 말이다. 사실 건물의 1층은 수학적으로 말하면 1층이 아니라 0층이라고 해야 온도계의 눈금처럼 시스템이 맞아떨어지는 것이다. 이런 혼동을 피해 호텔에서는 로비(lobby)가 있는 1층을 L층이라고 표시를 하기도 한다. 결국 2층은 사실 1층이건만 편의상 보통 2층으로 표기를 하는 것이다. 어렵다고? 18세기 최고의 수학책들에서도 여전히 음수 앞에 붙는 마이너스 기호와 뺄셈 기호를 혼동한 대목이 나타날 정도이니 이해가 안 되어도 너무 좌절하지는 마라.

어쨌든 우리는 0을 기준으로 양의 정수와 음의 정수가 있다는 것을 알게 되었다. 자연수에서 정수로 수의 세계가 넓어지기까지는 몇천 년이 걸렸다. 그런데 우리는 지금 순식간에 훑어본 것이다. 뿌듯하지 않은가?

자, 이왕 음수에 관한 이야기를 시작했으니 조금 더 해 보자. 지금 방금 어떤 녀석이 필자에게 와서 엉뚱한 질문을 했다. 질문의 요지는 이렇다. "우와, 선생님 설명을 들어 보니까 세상은 진짜 살 만하데이. 좀 전에 인도에서는 음수를 '빚'이라고 했다니 정말 그렇다면 앞으로 나는 무지하게 빚만 지고 살랍니더. 탱자탱자 놀면서 빚만 지고 살아도 부자 되겠습니더." 필자, 눈이 똥그래져서 침을 꼴깍 삼키며 묻는다. "그런 방법 있으면 나도 좀 알자." "간단합니더. 음수 곱허기 음수는 양수 아닙니꺼?" "그러믄 빚 곱허기 빚은 이익이데이. 그러니께 탱자탱자 놀면서 빚을 잔뜩 지고는 그걸 기냥 곱허기 해 뿌리면 부자 되는 거제요." 「개그콘서트」의 한 토막 같은가?

또 딴지 거는 학생의 목소리가 들린다. $(-) \times (-)$ $= (+)$를 그냥 법칙으로 외우겠다고 짱구에 입력하려니 부아가 난다고 볼멘소리를 하는 친구이다. 그렇다면 자, 마음을 가다듬고 이런 생각을 한번 해 볼까? 우리 집에 예쁜 열대어들이 노닐고 있는 어항이 있다고 가정하자. 정기적으로 물을 갈아 주어야 하는데 1분에 $3l$씩 호스로 물을 뽑아내고 새 물을 넣는다고 하자. 몽땅 새 물로 바꿔 넣으면 열대어가 환경 변화에 적응 못해 몰살될 수도 있으니까! 아무튼 1분에 $3l$씩 뽑아내는 것을 1분에 $(-3l)$씩 넣는다고 생각을 해도 된다.

그러면 가령, 2분간 $3l$씩 물을 뽑아내었다면 2(분)$\times 3l$ $= 6l$를 뽑아낸 것이고, 2분간 $(-3l)$씩 물을 넣었다면 2(분)$\times (-3l) = (-6l)$를 더 넣은 것이다.

그렇다면 지금부터 2분 전에는? 하나도 뽑지 않은 상태이므로 0이지 않은가? 그러나 지금부터 2분 전을 (-2)분으로 표시하고 나면

$$(-2분) \times (-3l) = 6l$$

가 되고 마니 $(-) \times (-) = (+)$을 실생활에 잘못 적용하면 희한한 돌발 사태가 생길 수 있음을 명심해야 한다.

앞에서 분명히 이야기했지만 수는 인간이 실생활의 필

요에 따라 고안해 낸 추상적인 개념이다. 즉, 수학에서의 '수'는 피자나 햄버거처럼 세상에 구체적으로 존재하는 것이 아니라, 인간의 머릿속에서 만들어진 것이니 일종의 약속이라 할 수 있다. 그 약속을 정리해 보면 이렇다.

+와 −를 사용하는 곱셈법칙은 ⑴ 절대값을 곱한다. ⑵ +와 +의 경우, 또 −와 −의 경우는 절대값의 곱에 +를 붙인다. 반면 −와 +, 또는 +와 −의 경우는 −를 붙인다(만약 몰랐다면 요건 외우자. 기본 중의 기본이다). 그렇기 때문에 $(-) \times (-) = (+)$를 현실에 곧바로 대응하면 곤란하다. 현실에서는 '빚 × 빚'은 곧 '파산 + 패가망신'이고, 때때로 '1 + 1 = 1'이 되기도 하기 때문이다.

2 사과 세 개를 네 명의 아이들이 나눠 먹는 방법 - 분수와 소수(1)

많은 학생들이 초등학교 4학년 때부터 수학에 대해서 '이걸 일찌감치 포기해 버려?' 하는 심각한 고민에 빠진다고 한다. 그 이유 중 하나가 바로 어디선가 짜잔~하고 나타난 분수와 소수 때문이란다. 그래서 '도대체 왜, 어떤 X가 이 골치 아픈 분수를 생각해 낸 거야?' 또 '그냥 분수면 분수지 그걸 왜 소수로 바꾸고, 또 소수를 분수로 바꾸는 거야?' 등등의 생각을 하게 되기도 한다.

여러분! 이렇게 답답할 때에는 멀고 먼 옛날 인류의 조상들의 시절을 생각해 보는 것도 답이 된다. '뭔가 쓰임새가 있었기에 만들었겠지' 하는 생각으로 찾아보니, 놀랍게도 이미 메소포타미아와 이집트 문명권에서는 분수가 쓰이고 있었더랬다.

그렇다면 그들은 왜 분수를 만들어서 썼을까? 상상의 나래를 펴 보다가 배꼽시계의 알람이 울려서 피자를 한 판 시켰다. 앗! 피자 한 판! 바로 그것이었다. 유레카! 피자 한 판을 세 사람이 나눠서 먹을 때 한 사람의 몫은 전체의 $\frac{1}{3}$이 아닌가. 맞다. 먼 인류의 조상들도 마찬가지 아니었을까? "아빠랑 엄마는 밭에 일하러 나갈 테니까 사과 한 개, 배 두 개를 동생들하고 사이좋게 나누어 먹어라"라고 어머니, 아버지가 일터로 가시면서 맏아들에게 명령을 내렸을 수도 있다. 근데 동생들은 자그마치 다섯 명이나 되니 맏이는 '사과와 배를 어떻게 나누면 될까?'를 고민했을지 모른다. 이처럼 어떤 것을 몇 개로 나눈다는 생각, 바로 거기에서 분수가 고안된 것이다.

가만, 또 다른 경우도 있다. 아주 먼 옛날에는 곡식을 바가지 단위로 사고팔았다고 가정하자. 어떤 농부가 수확을 해서 바가지 단위로 수확량을 계산해 보니 열 바가지하고 반쯤 남았다. 이때 그 바가지 단위보다 작은 양을 재야 할 필요성, 즉 우수리를 계산해야 할 필요성이 생기지 않았을까. 그래서 10과 $\frac{1}{2}$바가지라고 생각했겠지. 이렇게 보니 분수가 꽤 유용한 것 같다.

앞에서 언급했듯 고대 이집트와 메소포타미아에서는 이미 분수가 사용되고 있었다. 구경이나 좀 해 볼까? 아래 표를 보자.

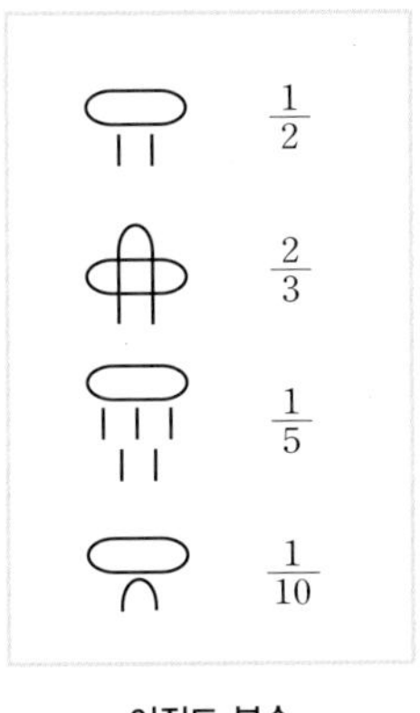

이집트 분수

이게 바로 고대 이집트인들이 썼던 분수들이다. 모양이 좀 독특하다. 그런데 자세히 살펴보면 어떻게 된 일인지 이집트 사람들은 $\frac{2}{3}$를 제외하고는 모든 분수를 분자가 1인 단위분수만을 썼다. 그러니까 $\frac{3}{4}$은 $\frac{1}{2}+\frac{1}{4}$과 같이 썼다는 말이다. 이상한 일이다. 알다가도 모를 일이다. 왜 그랬을까? 그런데 그 이유를 추측은 할 수 있다. 실험을 해 보면 된다. 네 명의 아이를 모아 놓고 그들에게 세 개의 사과를 줘 보자. 아이들은 과연 그것을 어떻게 나눠 가질까?

아주 엉뚱한 아이들이 아니라면 대부분은 이렇게 하기 쉽다. 먼저 사과 두 개를 각각 반씩 나눠서 반쪽씩 네 명이 나눠 가질 거다($\frac{1}{2}$개씩). 그 다음에는 나머지 사과 한 개를 4등분해서 $\frac{1}{4}$쪽씩 나눠 갖게 되는 것이다. 그러니 이집트 사람들이 $\frac{3}{4}$을 $\frac{1}{2}+\frac{1}{4}$로 썼던 것에도 일리는 있다.

한 가지 특이한 점은 이집트 사람들은 $\frac{2}{3}$라는 분수는 단위분수가 아님에도 즐겨 사용했고, 가능하면 $\frac{2}{3}$를 먼저 구하고 그 나머지를 단위분수로 나타내는 방법을 썼다는 것이다. 그 이유는 필자도 모르지만, 아마도 이집트 사람들의 독특한 취향 때문인 것 같다. 추운 겨울날 허벅지가 훤히 드러나도록 미니스커트를 입고서 춥다고 오들오들 떠는 멋쟁이 언니들! 한여름에 롱부츠를 신는 별난 언니들! 그것도 취향이 아니겠는가?

'2÷홀수'의 표	'1~9÷10'의 표
$2 \div 3 = \overline{\overline{3}}$	$1 \div 10 = \overline{10}$
$2 \div 5 = \overline{5}\ \overline{5}$	$2 \div 10 = \overline{5}$
$2 \div 7 = \overline{4}\ \overline{28}$	$3 \div 10 = \overline{5}\ \overline{10}$
$2 \div 9 = \overline{6}\ \overline{18}$	$4 \div 10 = \overline{3}\ \overline{15}$
$2 \div 11 = \overline{6}\ \overline{66}$	$5 \div 10 = \overline{2}$
$2 \div 13 = \overline{8}\ \overline{52}\ \overline{104}$	$6 \div 10 = \overline{2}\ \overline{10}$
$2 \div 15 = \overline{10}\ \overline{30}$	$7 \div 10 = \overline{\overline{3}}\ \overline{30}$
$2 \div 17 = \overline{12}\ \overline{51}\ \overline{68}$	$8 \div 10 = \overline{\overline{3}}\ \overline{10}\ \overline{30}$
$2 \div 19 = \overline{12}\ \overline{76}\ \overline{114}$	$9 \div 10 = \overline{\overline{3}}\ \overline{5}\ \overline{30}$
$2 \div 21 = \overline{14}\ \overline{42}$	
$2 \div 23 = \overline{12}\ \overline{276}$	
$2 \div 25 = \overline{15}\ \overline{75}$	
$2 \div 27 = \overline{18}\ \overline{54}$	
$2 \div 29 = \overline{24}\ \overline{58}\ \overline{174}\ \overline{232}$	
$2 \div 31 = \overline{20}\ \overline{124}\ \overline{155}$	

단, $\overline{\overline{3}} = \dfrac{2}{3}$ 를, 그리고 $\overline{3}$, $\overline{15}$ 등은 편의상 각각 $\dfrac{1}{3}$, $\dfrac{1}{15}$ 등을 나타내는 것으로 한다.

'2÷홀수'의 표 (계속)
....
$2 \div 89 = \overline{60}\ \overline{356}\ \overline{534}\ \overline{890}$
$2 \div 91 = \overline{70}\ \overline{130}$
$2 \div 93 = \overline{62}\ \overline{186}$
$2 \div 95 = \overline{60}\ \overline{380}\ \overline{570}$
$2 \div 97 = \overline{56}\ \overline{679}\ \overline{776}$
$2 \div 99 = \overline{66}\ \overline{198}$
$2 \div 101 = \overline{101}\ \overline{202}\ \overline{303}\ \overline{606}$

〈이집트인들이 사용했던 단위분수 환산표〉

위의 표를 보면 그들이 사용했던 원리를 이해할 수 있다.

$$2 \div 5 = \frac{2}{5} = \frac{1}{5} + \frac{1}{5} = \overline{5}\ \overline{5}\ \text{로 표시했고}$$

$$2 \div 7 = \frac{2}{7} = \frac{1}{4} + \frac{1}{28} = \overline{4}\ \overline{28}\ \text{로 표시한 것이다.}$$

아이들에게 사과를 나눠 갖게 하는 실험을 통해 왜 이집트 사람들이 단위분수를 사용했는지 그 이유를 짐작할 수는 있지만, 실제 계산은 엄청 복잡했을 것 같다. $\frac{2}{5}+\frac{2}{9}$ 를 계산하려면 $\frac{1}{3}+\frac{2}{15}+\frac{1}{6}+\frac{1}{18}$ 을 계산해서 그걸 다시 단위분수로 환산했을 테니까. 인간은 필요하면 해답을 만들어 내는 법이다. 공부는 안 했지만 시험을 잘 보고는 싶을 때, 초미니 커닝 페이퍼를 만들어 내는 머리쯤은 이집트 사람들도 가지고 있었던 것 같다. 책받침에 적혀 있는 구구단표를 활용했던 우리처럼, 이집트인들은 다른 분수를 단위분수로 고치는 환산표를 따로 가지고서 그것으로 분수 계산을 했다고 한다.

그렇다면 이집트 사람들이 분수 계산을 그렇게 했는지는 과연 어떻게 오늘날 알아낼 수 있었던 것일까? 그것은 기원전 17세기, 지금부터 약 3,700년 전의 수학책으로 세계에서 가장 오래된 수학책이기도 한 이집트의 『아메스 파피루스』 덕분이다. 이 책은 이집트 나일 강가에서 자라는 갈대인 파피루스를 가지고 만든 종이로 만들어졌는데, 스코틀랜드의 골동품 상인인 헨리 린드(A. H. Rhind)가 1858년

나일 강가의 테베에 있는 한 폐허 건물에서 발견했으므로 그 이름을 따서 '린드 파피루스'라고 불리기도 한다. 현재 남아 있는 고대 이집트인들의 수학책은 『아메스 파피루스(린드 파피루스)』와 『모스크바 파피루스』밖에 없는데 그 이유는 무엇일까? 쐐기숫자를 써서 수학을 기록했던 메소포타미아인들의 점토판(진흙판)은 불에 타면 오히려 단단하

게 굳어지는 성질이 있었기 때문에 전쟁 속에서도 많이 보존되어 오늘날까지 그들의 발달했던 수학의 수준을 알려주고 있는 반면, 이집트인들이 사용했던 파피루스는 불에 잘 타는 성질이 있어서 전쟁이 나면 재로 변하였고, 또 습기에 약하여 현재까지 전해지는 것은 건조한 사막과 광야에서 발견된 것들이다. 어쨌든 저 수학책에 '아메스 파피루스'라는 이름이 붙은 이유는 맨 끝에 '아메스'라는 서기관의 이름이 있기 때문이다. 바로 이 책에 이집트인들이 사용했던 수학이 소상하게 적혀 있었다. 1862년 영국의 대영박물관에서 그 파피루스 두루마리를 거의 모두 구입하였다니까 원한다면 지금도 대영박물관에 가서 볼 수가 있다.

이왕지사 말이 나온 김에 이집트인의 독특한 계산법을 살펴보고 넘어가자. 가령 다음 문제를 보자.

문제 어떤 수와 그 수의 $\dfrac{1}{7}$이 19가 된다. 그 수는 어떤 수인가?

이 문제를 어떻게 풀까? 짜증내지 마라. 필자가 풀어 줄 테니까. 우리는 보통, 구하는 수를 x라고 놓고 $x + \dfrac{x}{7} = 19$라는 식을 세워 해를 구한다. 그러면 간단히 $\frac{7x}{7}+\frac{x}{7}=\frac{8x}{7}=19$ 니까 $x=\frac{133}{8}$, 즉 16과 $\frac{5}{8}$가 된다. 그런데 이집트 사람들은 독특하게 하였다. 다소 주먹구구식으로 계산을 했다.

일단 어떤 수를 $\frac{1}{7}$에서 힌트를 얻어 제일 만만한 7이라고 가정을 한다. 그러면 식이 $7+1=8$ 이렇게 나온다. 그러나 이건 정답이 아니다. 그러면 8이 19가 되도록 만드는 수, 즉 $\frac{19}{8}$을 처음에 가정했던 7에 곱하는 거다. 아까 얘기했듯이 이집트 사람들은 단위분수를 활용했다고 하니 다소 복잡한 계산 과정을 거쳤을 것이다. 그래서 $\frac{7\times19}{8}=\frac{133}{8}$을 구했던 거다. 지금 입장에서 보면 상당히 주먹구구식이고 불편하기 짝이 없는 방식이지만 그래도 몇천 년 전이었다는 점을 감안해야 한다. 그 당시로서는 이런 계산법으로도 실생활에서 별 불편함이 없었던 것 같다. 하여간에 재미있다.

옛날 어느 마을에서 한 노인이 죽으며 자식들에게 유산으로 일곱 마리의 낙타를 남겨 주었다. 노인은 장남은 $\frac{1}{2}$, 차남은 $\frac{1}{4}$, 삼남은 $\frac{1}{8}$을 각각 나누어 가지라고 유언을 했다. 그런데 낙타 일곱 마리를 아무리 8로 나누어도 나누어지지 않는 것이었다. 세 아들은 고민을 하다가 마을의 덕망 있는 부족의 족장을 찾아가서 해결해 주십사고 부탁드렸다. 지혜로운 족장은 "내 낙타를 한 마리 빌려 줄 테니 가지고 가서 유산을 분배하여 보려무나"라고 하면서 낙타 한 마리를 빌려 주었다. 일곱 마리에 빌려준 한 마리를 보태어 계산을 하여 보니 이게 웬일인가?

$$8 \times \frac{1}{2} = 4(마리),\ 8 \times \frac{1}{4} = 2(마리),\ 8 \times \frac{1}{8} = 1(마리)$$

드디어 장남은 네 마리, 차남은 두 마리, 삼남은 한 마리를 기분 좋게 나누어 가졌다. 하지만 마음 한 구석에서는 빌려온 한 마리 때문에 조마조마하기 시작했다. 그런데 분배하고 난 뒤에 빌려온 낙타 한 마리는 건재하게 남아 있는 것이 아닌가? 아무런 불만 없이 유산을 분배한 삼형제는 노인의 지혜에 감탄하면서 빌려온 낙타를 갖다드렸다고 한다. 참으로 분수의 위력을 멋지게 구성한 스토리가 아닐 수 없다!

3 소수를 택하느냐, 분수를 택하느냐, 그것이 문제로다! -분수와 소수(2)

분수는 앞에서 설명한 것처럼 무언가를 나누거나 어떤 기본 단위로 나누었을 때의 우수리를 처리하기 위해 만들어진 것이라고 믿어 버리자. 그 과정은 잘 알겠는데, 또다시 가슴속에서 울화가 치밀어 오른다. "그럼 도대체 왜 소수를 만든 거야?? 누가, 어떤 이유로, 언제 만들었냔 말이다아~~" 이런 절규가 끓어오른다. 분수를 바꾸면 소수가 되고, 소수를 바꾸면 분수가 되니까 분수 하나로 하면 훨 좋겠다고 생각하는 학생들도 많을 것 같다.

지금부터 4백여 년 전, 벨기에는 스페인의 지배로부터 벗어나기 위한 독립전쟁을 치르고 있었다. 그때 독립군의 회계 책임자, 즉 일종의 경리부장에 해당되었던 사람은 네

덜란드의 시몬 스테빈이었다. 그런데 경리 업무라는 게 뻔하지 않은가? 군에서 필요한 식량이나 물자를 사들이기도 하고 어떤 부대가 군대로부터 돈을 빌렸을 때에는 이자 같은 것도 계산해야 했다. 업무를 보려면 이처럼 은근히 엄청난 수학 계산이 필요했는데 특히 스테빈을 괴롭혔던 것이 이자 계산이었던 모양이다.

당시에는 이자를 모두 단위분수로 나타내는 관습이 있었다고 한다. 그런데 이자가 $\frac{1}{10}$일 때에는 간단하지만, $\frac{1}{11}$, $\frac{1}{12}$일 때는 짱구가 복잡해진다. 당연히 스테빈은 머리를 굴리고 또 굴렸을 것이다. 어느 날 드디어 돌아가던 머리가 반짝이기 시작했다. 이자의 분모를 모두 10이나 100, 1000 등으로 하면 되겠다는 생각이 퍼뜩 들었을 것이다. $\frac{1}{11}$은 거의 $\frac{91}{1000}$과 같으니 $\frac{9}{100}$로 쓰고, $\frac{1}{12}$은 $\frac{8}{100}$로 쓰자고 채권자들과 합의만 한다면 계산은 훨씬 간단해질 것 같았다. 그래서 내친 김에 그는 이자가 $\frac{1}{10}$부터 $\frac{5}{100}$까지일 때의 여러 가지 경우를 계산한 표를 만들어 출판까지 하게 되었으니, 이것이 1584년에 벌어진 일이다.

사람은 머리가 한번 돌아가기 시작하면 가속도가 붙는

다. 그는 내친 김에 $\dfrac{3328}{10000}$ 이니 $\dfrac{259712}{1000000}$ 이니 하는 식으로 분수꼴로 되어 있는 이자 계산표에서 어느 쪽이 더 큰 수인지 분간하기 힘들다는 문제를 개선하기로 했다. 고민하던 끝에 스테빈이 주목하게 된 것이 바로 60진 분수였고, 그는 그것을 개량해 드디어 십진 소수를 만들기에 이른다. 그리고 당연히 1585년에 『소수에 관하여』라는 책을 출판하게 되었고, 그렇게 해서 소수는 드디어 세상의 빛을 보게 되었다.

사실 나누어 떨어지지 않는 수를 나타낼 때에는 분수가 편리하지만, 물건의 길이를 재거나 양을 구할 때, 또 수의

대소를 구분하거나 계산을 할 때는 소수가 훨씬 더 편리하다. 그렇다면 여기에서 문제 하나 내 볼까나? $\frac{3}{4}$와 $\frac{5}{8}$ 중 어떤 수가 더 큰가? 1초 만에 대답해 봐라. 쉽지 않다. 근데 0.75와 0.625 중 어떤 수가 더 클까? 이때는 바로 답이 나온다. 0.75다. 이쯤 되면 소수가 더 편한 것 같으니, 울화가 치밀던 여러분의 마음도 비로소 풀어지기 시작할 거다. 문제 하나 더 낼까? $\frac{3}{4}+\frac{5}{8}$는 얼마냐? 답이 금방 안 나오는가? 그럼 0.75+0.625는 얼마인지를 생각해 보자. 자, 어떤 게 더 편한가? 그렇다! 소수가 더 편하다!!!

이쯤 되고 보니 '소수만 있으면 되지 분수가 무슨 필요가 있겠냐' 하는 생각이 든다. 그런데 이런, 세상은 그렇게 녹록하지가 않다. $\frac{1}{3}$과 같은 수도 있기 때문이다. 이걸 소수로 만들면, 0.333333…… 하는 식으로 도통 끝날 생각을 않는다. 이름 하여 무한소수이다. 무한소수는 어떻게 표기를 해도 근사값에 불과할 뿐이다. $\frac{1}{15}$은 0.0666666…… 이다. 이렇다 보니 어쩔 수 없다. 분수와 소수, 모두 알아야 할 것 같다. 그러니 이것은 선택의 문제가 아니다. 우리 생활에 모두 필요한 것들이니까.

4 소수의 할아버지, 60진 분수
- 분수와 소수(3)

분수와 소수의 기능 모두를 인정하고 나니 마음이 편해졌다. 그런데 궁금증이 모락모락 피어난다. 60진 분수는 뭐지? 아까 소수의 창안자인 스테빈이 60진 분수를 개량해서 십진 소수를 만들었다고 했는데……. 60진 분수는 바로 수메르와 바빌로니아에서 활용되었던 분수이다. 그들의 분수는 그냥 20, 30 이렇게 적혀 있는데, 그게 $\frac{1}{3}$, $\frac{1}{2}$을 가리키는 것이다. 왜냐하면 메소포타미아의 분수는 분모가 모두 60이기 때문에 생략하고 분자만 썼기 때문이고, 그래서 20은 $\frac{20}{60}$, 즉 $\frac{1}{3}$이 되는 거다.

어라? 궁금한 게 또 생기네? 그러면 자연수 20과 분수 20은 어떻게 구별하지? 쐐기문자로 되어 있는 내용을 그대로 옮길 수는 없고 원리만 설명하자면 이렇다. 이것은 오늘날의 소수와 굉장히 비슷하다. 가령 1 ; 5 30이라는 것을 썼다고 하자. 메소포타미아에서는 60진법을 주로 썼으니까, 소수점 앞의 1은 60자리를 가리키고, 소수점 뒤의 5는 1의 자리를 가리킨다. 그리고 그 뒤의 30이 바로 $\dfrac{1}{60}$자리를 가리키는 수이다. 정리하면 $1 \times 60 + 5 \times 1 + \dfrac{30}{60}$이고, 이것을 오늘날의 표현으로 하면 65와 $\dfrac{1}{2}$, 즉 $65\dfrac{1}{2}$이 된다.

	1	5	30
	↓	↓	↓
자릿수 정하기	60	1	$\dfrac{1}{60}$
위의 수는	$60 \times 1 + 1 \times 5 + \dfrac{1}{60} \times 30$		
	60 +	5 +	$\dfrac{30}{60}$
오늘날의 표현	$65\dfrac{1}{2}$		

　이러한 방법이 그리 생소한 것만은 아니다. 아직 우리 주변에 60진법이 남아 있기 때문이다. 요즘은 운동으로 마라톤을 즐기는 사람이 많다. 마라톤도 하다 보면 중독 증세가 생겨서, 뛸 때는 힘들어도 땀과 함께 배출되는 호르몬의 영향으로 짜릿한 쾌감을 느끼게 되고, 그래서 다시 또 달리고 싶어진다

고 한다. 어쨌든 어떤 아마추어 마라톤 선수가 10km를 완주하는 데 1시간 8분 7초 걸렸다. 이 기록을 시간을 단위로 환산하면 $1+\dfrac{8}{10}+\dfrac{7}{10^2}$ 시간이 아닌, $1+\dfrac{8}{60}+\dfrac{7}{60^2}$ 이다. 분, 초를 나타내는 단위는 60진법이기 때문이다. 60분이 모여야 1시간이 되고, 60초가 모여야 1분이 된다. 3,600초가 모여야 1시간이 되고 말이다. 군대 포병대에서 종종 듣게 되는 각도도 마찬가지다. 25도 4분 3초는 $25+\dfrac{4}{60}+\dfrac{3}{60^2}$ 도인 것이다.

　　이런 메소포타미아식 60진 분수는 면면히 이어져 내려 왔는데, 그리스·아라비아 시대에도 이를 이용한 수학자가 몇 명 있었다. 13세기 이탈리아에서 활약했던 수학자로 '서양 계산술'의 아버지라고 불리며 피보나치 수열로도 유명한 피보나치는 3차방정식 $x^3+2x^2+10x=20$의 근 중 하나를 $x=1°$　22　7　42　33　4　40(즉, $1+\dfrac{22}{60}+\dfrac{7}{60^2}+\dfrac{42}{60^3}+\dfrac{33}{60^4}+\dfrac{4}{60^5}+\dfrac{40}{60^6}$)으로 60진 분수를 활용하여 표기하기도 했다. 이러한 60진 분수는 16세기에 와서 스테빈에 의해 십진 분수, 즉 소수로 정착하게 되었다.

5 분수는 중국이 한 수 위였다!!
― 분수와 소수(4)

분수의 역사는 길고 길었다. 몇천 년 전 이집트에서부터 사용되었으니까. 그러나 그건 단위분수에 한해서였다. 분자가 1이 아닌 임의의 분수는, 적어도 유럽에서는 16세기쯤에야 사용되었다. 좀 이상하지? 왠지 똑똑한 그리스인들은 단위분수가 아닌 보통분수를 사용했을 것 같다! 자, 설명을 좀 더 들어보라.

다음 두 가지 경우를 보자.

1) $\dfrac{2}{3}$m

2) $\dfrac{6\text{m} \times 2}{3} = 4$m

똑같이 $\frac{2}{3}$라는 분수가 쓰였지만 곰곰이 생각해 보면 성격이 좀 다르다. 뭐가 다를까. 이렇게 생각해 보자. 1)은 길이 자체를 나타내는 반면에, 2)는 비율을 나타내는 분수이다. 2)의 경우는 6m를 1이라고 생각했을 때, 그것의 $\frac{2}{3}$는 곧 4m라는 사고방식이다. 고대 그리스 사람들은 이와 같은 비율을 수학에 사용하기는 했지만 그 내용을 분수로는 나타내지 못했다. 더 쉽게 설명해 보면, '4m는 6m의 $\frac{2}{3}$배'라고는 표현하지 못했다는 것이다. 다만 그들은 '4m : 6m'를 '2 : 3'이라고 표현하기는 했다. 즉, 그들은 분자와 분모를 따로따로 생각했던 건데, 이 분자와 분모를 한데 합쳐서 표현하는 방법을 고안하기까지는 엄청나게 오랜 세월이 걸렸다. 우리가 쓰고 있는 분수는 조금 골치 아프기는 하지만 이처럼 오랜 시간에 걸쳐 만들어진 중요한 개념인 것이다.

그런데 앞의 설명은 서양의 경우이고 동양의 경우, 특히 중국에서는 늦어도 3세기부터 단위분수가 아닌 분수를 자유자재로 활용하고 있었다고 한다. 오늘날의 수학사(數學史)가 근대 수학이 발달된 서양 중심으로 전개되어서 그렇지, 사실 중국의 수학도 무시할 수 없는 수준에 올라 있었

뛰는 자 위에
나는 자 있다.

✕✱⚬＠＃÷

다. 어떻게 이를 알 수 있었을까? 역시 답은 책이다.

서양에서 수학사가(數學史家)들은 유클리드의 『원론』을 수학의 고전으로 생각하는데, 이에 필적할 만한 동양의 수학책이 바로 『구장산술』이다. 누가 썼는지는 알려져 있지 않지만 쓰인 연대는 기원전 1세기 경으로 추정되며(기원전 200년경에 쓰였다는 말도 있다), 이후 계속 개정, 증보되었다. 유클리드의 『원론』은 명제와 정리의 증명 중심으로 형식이 구성되어 있지만 『구장산술』은 문제, 답, 풀이의 형식이다. 즉, 『원론』이 참고서라면 『구장산술』은 문제집이라고 보면 된다. 『구장산술』은 토지 측량이나 조세, 곡물 교환, 토목 공사, 물가, 이자 등과 관련 있는 매우 중요한 지침서였다고 하는데, 바로 그 책의 첫머리 제1장부터 분수가 등장한다.

『구장산술』에는 다음과 같은 문제가 있다.

문제 밭이 하나 있다. 가로는 $\frac{4}{7}$보, 세로는 $\frac{3}{5}$보이다. 넓이는 얼마인가?

답 $\dfrac{12}{35}$ 제곱보

풀이 분모와 분모를 곱하여 답의 분모로 삼고, 분자와 분

자를 곱하여 답의 분자로 삼는다.

물론 『구장산술』에 한글로 쓰여 있지는 않으니 괜한 트집은 잡지 마라. 한글이 1443년 세종 25년에 창제되어 1446년 세종 28년에 반포되었다는 사실은 모두 잘 알고 있다. 그러므로 『구장산술』이 쓰였을 때는 한글이 존재하지 않았고, 따라서 위의 풀이는 번역한 것이다. 그런데 그 읽는 방식은 지금 우리가 읽는 방식과 똑같다. $\dfrac{1}{3}$ 은 '三分之一', 즉 3분의 1이라고 읽는다. 풀이 방법도 우리가 지금 하고 있는 방식과 똑같지 않은가? 약 2,000년 전에 말이다. 2,000년 전에 이미 지금의 우리와 같은 수준이었다 하니 오기가 발동하지 않는가? 우리도 분발하자.

다음과 같이 분모, 분자를 약분하는 방법을 보면 더욱 놀랍다.

답 $\dfrac{7}{13}$

풀이 분모, 분자를 함께 반으로 나눌 수 있을 때에는 그렇게 하고, 나눌 수 없을 때에는 따로 분모, 분자의 수를 놓고 큰 쪽에서 작은 것을 뺀다. 이 절차를 거듭하여 두 수의 최대공약수를 구하고, 이것으로 분모, 분자를 나눈다.

놀랍다고 한 것은 그 풀이 방식 때문이다. 이 방식은 바로 유명한 유클리드의 호제법과 유사한 방식이다. 중국에서는 이처럼 일반 분수가 다루어졌음에 반해, 왜 그리스나 유럽에서는 단위분수가 그토록 오래 동안 사용되었는지를 설명하기란 사실 어렵다. 아마도 중국인과 유럽인의 사고방식의 차이 때문이 아니었을까.

유클리드 호제법

유클리드의 저서 『기하학원본』에 기재되어 있는 최대공약수를 구하는 효과적인 방법입니다. 연제법이라고도 하지요. 78696과 19332의 최대공약수를 구하라, 같은 큰 수의 최대공약수를 구할 때 아주 강력한 위력을 발휘하지요. 방법은 간단합니다. 우선 큰 수를 작은 수로 나눕니다. 그러면 나머지가 생기겠지요? 그 다음엔 나머지로 작은 수를 또 나눕니다. 즉 젯수를 나머지로 나누는 것이지요. 또 생기겠지요? 두 번째 나머지로 두 번째 젯수를 또 나눕니다. ……이런 작업을 반복하면 더 이상 나눠지지 않거나, 나누어 떨어지게 됩니다. 그 때 나누어 떨어지면 젯수가 최대공약수가 되고, 나머지가 남으면 젯수와 나머지의 곱이 최대공약수가 됩니다. 따라서 78696과 19332의 최대공약수는 36이 되지요.

$$78696 = 19332 \times 4 + 1368$$
$$19332 = 1368 \times 14 + 180$$
$$1368 = 180 \times 7 + 108$$
$$180 = 108 \times 1 + 72$$
$$108 = 72 \times 1 + 36$$
$$72 = 36 \times 2$$

신기하지요. 기본적인 사항을 정리해보면 이렇습니다. 두 수 a, b가 있을 때, a를 b로 나누었더니 몫이 q이고 나머지가 r이었다면 $a = bq + r$이라는 식을 만들 수 있습니다. 이 때, a와 b의 최대공약수는 b와 r의 최대 공약수와 같습니다.(r이 0인 경우에 a와 b의 최대공약수는 b가 됩니다.) 한번 증명해볼까요? 그러려면 우선 어떤 수 P가 Q의 약수이면 P와 Q의 최대공약수는 P라는 사실을 기억하고 있어야 합니다. 4와 16의 경우를 보지요. 4×4는 16이 되니까 4는 16의 약수입니다. 이때 4와 16의 최대공약수는 4가 됩니다. 한번 해보세요. 4이상의 수는 4의 약수가 될 수 없지요? 이제 다음 증명식을 보세요.

A와 B의 최대공약수를 G라고 하면 각각 $A=aG$, $B=bG$(단, a, b는 서로 소)라고 쓸 수 있습니다. 그러면 A를 B로 나눴을 때 몫을 Q라고 하고 나머지를 R이라고 하면, $A=BQ+R$이라는 식을 만들 수 있지요. 그런데 이 식은 다음과 같이 표기할 수 있습니다.

$$aG=bGQ+R$$

이항하여 정리하면

$$(a-bQ)G=R$$

이라는 식이 되지요. 이렇게 보면 A와 B의 최대공약수 G는 R의 약수여야 한다는 결론을 알 수 있어요. 괄호와 G를 곱해서 R이 되니까요. 아울러 어떤 수 P가 Q의 약수이면 P와 Q의 최대공약수는 P라는 사실을 앞에서 설명했습니다. 그러니 G와 R의 최대공약수는 G가 됩니다. 이런 원리로 앞에서 설명했듯 계속 나누어가면 큰 수의 최대공약수를 쉽게 구할 수 있습니다. 이것이 바로 유클리드 호제법입니다.

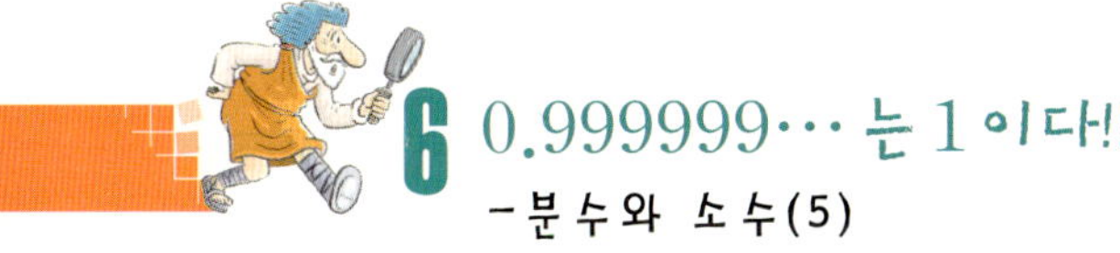

학교에서 공부하다 쉬는 시간에 출출할 때 공짜로 빵을
먹을 수 있는 방법을 지금부터 알려줄 테니 잘 들어라. 먼
저 교실을 잘 둘러본다. 엎어져서 침을 흘리며 자고 있는
친구 중 조금 어리바리한 것 같으면서도 고집 센 친구를 하
나 찍는다. 그리고는 슬쩍 다가가서 이렇게 말하는 거다.
"야, 0.9999999……와 1은 같대." (이때 친구가 잠이 덜
깨서 짜증을 내면 나중에 시도해라. 공연히 싸움만 난다.)
만일 고집 센 친구가 조금 아는 수학 지식으로 "소수점 아
래에서는 아무리 9가 계속되더라도 1에 가까울 뿐인 거잖
아. 그러니 그게 1은 아니지!"라고 말하면 낚시에 걸려든
거다. 바로 이때 약간 자신 없는 척하다가 오기가 생겼다는

표정으로 내기를 걸어 보자. "어딘가에서 확실히 들었어. 만약 내가 틀리면 너한테 빵을 살게. 그 대신 내가 맞으면 네가 사는 거다?" 이때 중요한 것이 표정 연기이다. 맞을지 틀릴지 자신은 없지만 그래도 오기 때문에 내기를 거는 듯한, 뭐 그런 표정이어야 하기 때문이다. 친구로부터 "좋아!"라는 대답을 들었다면 반에서 제일 공부 잘하는 아이에게 심판관 노릇을 시키면 된다. 아마 그 아이는 감격스럽게도 독자의 손을 번쩍 들어 주며 대충 이런 증명을 해 줄 거다.

공부짱 : 자식들, 그런 것 가지고 티격태격하기는. 내가 가르쳐 줄게.(뿌듯한 표정으로 굉장히 다정스럽게 자상하게 말할 것이다. 이게 원래 잘난 척하는 애들의 특징이다. 약간 속이 거북해도 참아라. 빵이 공짜다.) 쉬워. $\frac{1}{3}$을 소수로 고쳐 봐.(이런 아이들은 그냥 풀어 줘도 될 것을 꼭 직접 해 보라고 시킨다. 그러나 짜증 나도 또 참아라. 빵이 공짜다.)

나 : 0.33333…… 이잖아.

공부짱 : (빙긋 웃으며) 등식의 성질 알지? 등호의 양변에 같은

수를 곱해도 등식은 성립한다는 거.(몰라도 고개를 끄덕거려라. 그 대신 집에 돌아와서는 초등학교 수학책을 다시 뒤져 봐라.) 그 원리에 따라서 양변에 3을 곱해 봐.

나 : $\frac{1}{3}=0.3333\cdots\cdots$ 이니까 $1=0.99999\cdots\cdots$ 가 나오네?(이때 내기를 걸었던 친구가 도망가지 못하게 잡아야 한다) 자, 내 말이 맞지? 내놔, 빵!!

$$\frac{1}{3}=0.3333\cdots\cdots$$

$$3\times\frac{1}{3}=3\times0.3333\cdots\cdots$$

$$1=0.999999\cdots\cdots$$

맛있게 빵을 얻어먹었으면 이제 설명을 더 들어 봐라. $0.999999\cdots\cdots$처럼 9가 계속 반복된다거나 $0.121212\cdots\cdots$처럼 12가 계속 반복되거나, 하여간 일정한 수가 계속 반복해서 나오는 소수를 순환소수라고 한다. 요걸 잘 기억해 둬야 한다. 숫자가 끝없이 나열되는 무한소수에는 두 가지 종류가 있는데, 순환소수가 있고 순환하지 않는 소수가 있다. 더 잘 들어야 한다. 순환소수는 유리수이고, 순환하지 않는 소수는 무리수이다. 무리수에 관해서는 조금 있다가 설명하자. 하여간 왜 순환소수는 유리수이고 순환하지 않는 소수는 무리수일까?

유리수의 정의를 보자. "분모(단 0이 아닌 수)·분자를 모두 정수인 분수로 나타낼 수 있는 수"가 바로 유리수이다. 한마디로 분수로 나타낼 수 있느냐 없느냐에 따라 유리수와 무리수로 나누어지는 것이다. 그러니까 우리가 흔히 접하는 유한소수, 즉 0.5나 0.7은 당연히 $\frac{1}{2}$과 $\frac{7}{10}$처럼 분수로 나타낼 수 있으므로 유리수이다. 순환소수도 좀 어렵긴 하지만 분수로 나타낼 수 있다. 어떻게 하냐고? $0.1212\cdots\cdots$를 분수로 고쳐보면 된다.

먼저 구하고자 하는 분수를 x라고 하자. 즉, $x=0.121212\cdots\cdots$라고 쓰고(①) 그 다음에는 양변에 100을 곱해 보자. 왜 앞에서는 10을 곱하고 여기서는 100을 곱할까? 소수 밑에서 반복되는 수가 1과 2, 2개의 숫자이므로 100을 곱한다. 따라서 $100x=12.121212\cdots\cdots$라는 식이 또 하나 나온다(②). 이제 ②에서 ①을 빼자. 그러면 $99x=12$이므로

$x=\dfrac{12}{99}$ 이다. 생각보다 쉽다.

$$x=0.121212 \quad \cdots\cdots \text{①}$$

$$100x=12.121212 \quad \cdots\cdots \text{②}$$

$$\text{②}-\text{①}: 99x=12 \quad \therefore x=\dfrac{12}{99}$$

문제 왜 100을 ①식에다 곱했을까?

답 순환마디 숫자가 2개이므로

재미있으니까 한 번 더 해 볼까? 이번에는 0.2435435435 ······를 분수로 고쳐 보자. 좀 당황스러운가? 당근! 앞의 방식으로는 안되니 머리를 땡글땡글 굴려 보자. 이럴 때 곧바로 답을 내면 수학의 재미를 느낄 수 없다. 전자오락을 할 때에도 빗발치는 총알을 스스로의 힘으로 잘 피하고 대장 괴물을 마침내 폭파시킬 때 희열을 얻는 법이다. 수학도 마찬가지이다. 약간의 힌트를 가지고 머리를 써서 고민하고 자신의 힘으로 해결해 냈을 때, 그때 쾌감과 기쁨을 누릴 수가 있다. 자, 이제는 답을 구했을 것이라는 생각이 드는데?

먼저 구하고자 하는 분수를 x라고 하면 $x=0.2435435435$ ……라는 식이 나온다(①). 그 다음 양변에 10을 곱하면 $10x=2.435435……$라는 식이 나온다(②). 여기서 한 번 더 머리를 쓰는 게 중요하다. 지금까지 말은 안 했지만, 이런 식을 만드는 이유는 순환마디를 잘라내기 위해서이다. 그러려면 ①번 식의 양변에 이번에는 10000을 곱한다. 그러면 $10000x=2435.435435……$가 된다(③). 됐다. 이제 ③에서 ②를 뺀다. 그러면 $9990x=2433$이 된다. 따라서 구하고자 하는 분수 x는 $\dfrac{2433}{9990}$이 되는 것이다.

$$x=0.2435435435 \quad \cdots\cdots \ ①$$

$$10x=2.435435435 \quad \cdots\cdots \ ②$$

$$10000x=2435.435435 \quad \cdots\cdots \ ③$$

$$③-②:9990x=2433 \quad \therefore x=\dfrac{2433}{9990}$$

마지막으로 한 번만 더! 이번에는 $4.345242424……$를 분수로 나타내 보자. 구하고자 하는 분수를 x라고 하면

$x=4.3452424\cdots\cdots$ 라는 식이 나온다(①). 그 다음에는 순환마디 직전까지 끊을 수 있게 양변에 1000을 곱한다. 그러면 $1000x=4345.242424\cdots\cdots$ 가 된다(②). 마지막으로 ①의 양변에 100000을 곱해서 $100000x=434524.242424\cdots\cdots$ 를 만든다(③). 이제 됐다. ③에서 ②를 빼면 $99000x=434524-4345=430179$, 즉 $x=\dfrac{430179}{99000}$ 이 된다.

$$x=4.345242424 \qquad \cdots\cdots ①$$

$$1000x=4345.242424 \qquad \cdots\cdots ②$$

$$100000x=434524.242424 \qquad \cdots\cdots ③$$

$$③-②: 99000x=430179 \qquad \therefore x=\dfrac{430179}{99000}$$

우리는 이 세 번의 풀이에서 어떤 규칙성을 발견할 수가 있었다. 소수점 앞으로 순환마디 바로 직전의 수를 올려 놓을 수 있게 10의 제곱수를 곱하는 식 하나와, 순환마디까지 포함된 수를 소수점 앞에 올려놓을 수 있게 10의 제곱수를 곱하는 식 하나가 그것이다. 그리고 이 두 식 중 큰 것에서 작은 것을 빼면 분수를 도출해 낼 수 있다. 이것이 풀이의 원리이다. 그리고 그 풀이를 차분히 들여다보면 어떤 규칙성을 발견할 수 있다. 이렇게 규칙을 찾는 것을 수학에서는 귀납적 풀이법이라고 한다. 그러므로 다음과 같이 순환소수를 분수로 만드는 공식이 성립되는 것이다.

순환소수를 분수로 만드는 공식

a. 소수점 바로 아래부터 순환마디가 시작되는 경우

$$ex)\ 0.232323\cdots = \frac{23}{99}$$

$$\frac{순환마디}{순환마디\ 자릿수만큼의\ 9} : 0.232323\cdots = \frac{23}{99}$$

b. 소수점 바로 아래부터 순환마디가 아닌 경우

$$ex)\ 0.32758758758\cdots$$

$$\frac{순환마디를\ 한\ 번\ 포함한\ 수 - 순환마디를\ 뺀\ 나머지수}{순환마디\ 자리수\ 만큼의\ 9,\ \ 나머지는\ 0으로\ 표기}$$

$$0.32758758758\cdots = \frac{327587 - 327}{999000}$$

무작정 외우려고 하면 잘 외워지지도 않고 머리 아픈 공식이다. 하지만 원리를 알면 공식이 금방 외워지기도 하거니와, 잊어버렸을 때 금방 공식을 떠올릴 수가 있다. 그래서 힘들어도 한번 풀어 보는 것이 좋고, 앞으로도 수학 공

부는 이런 식으로 하는 것이 좋다. 그 공식이 어떻게 만들

어졌는지 원리를 알고 난 다음에 그 공식을 활용하는 것이

다. 사실 공식을 암기해 놓으면 매우 편리하다. 또 수의 단

위가 커지면 커질수록 공식의 위력은 커진다. 그러나 그 공

식도 원리를 알고 난 다음에 외우는 것이 보다 효과적이다.

귀찮다고 무작정 공식만 외워 봐야, 하룻밤 자고 나면 말짱

도루묵이 되기 십상이니까.

자, 그럼 이제 정리를 좀 해 볼까? 소수에는 유한소수와 무한소수가 있다. 그리고 무한소수에는 순환소수와 순환하지 않는 소수가 있다. 이때 유한소수, 순환소수는 분수로 나타낼 수 있기 때문에 유리수에 포함된다. 그러나 순환하지 않는 소수는 분수로 나타낼 재간이 없다. 그래서 유리수가 아니라 무리수가 되는 것이다. 어때? 깔끔하지?

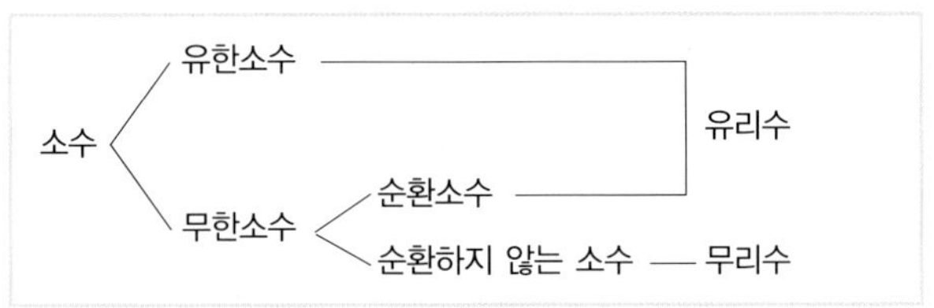

7 피타고라스와 별의별 수 이야기
-완전수와 친화수

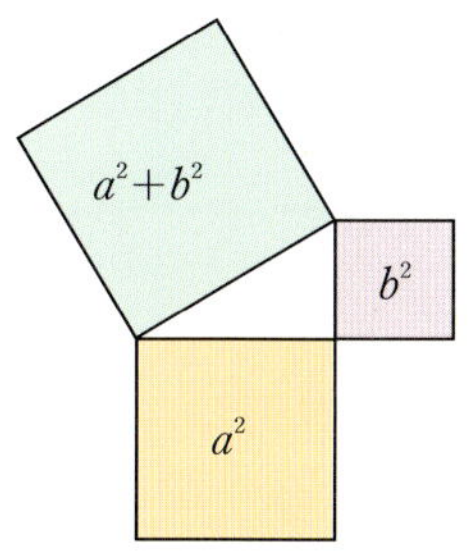

'직각삼각형의 두 밑변의 제곱의 합은 빗변의 제곱과 같다'는 그 유명한 '피타고라스의 정리', 이건 수학을 잘하건 못하건, 웬만한 사람은 다 아는 공식이다. 지금부터 유명한 피타고라스에 관한 이야기를 시작하겠다.

피타고라스는 기원전 580년경 사모스 섬에서 보석공의 아들로 태어났다. 젊은 시절에는 이집트와 세계 각지를 돌아다니며 경험을 쌓았고, 사모스로 돌아온 뒤에는 참주 폴리크라테스의 아들을 가르치는 일을 맡았다고 전해진다. 가정교사를 한 것이다.

고대 그리스에서는 학교가 세워지기 전에는 폴리스끼리 전쟁을 하여 학자를 노예로 잡아와서 왕자나 귀족들의 자제들을 가르치게 했다. 또 학교가 세워진 후에는 교복(敎僕)이라 하여, 그들을 학교에 데려다 주는 일을 맡아서 하는 가정교사도 있었다. 이때의 교복은 요즘 여러분들이 학교 갈 때 입는 옷, 교복이 아니라 가르칠 교(敎), 종 복(僕)이다. 유명한 아리스토텔레스는 알렉산더 대왕이 11살 난 왕자였을 때 가르쳤던 가정교사였다.

잠깐 샛길로 빠져 볼까? 마케도니아의 필립 왕은 아들 알렉산더를 제왕으로 교육시키기 위해 당대의 대학자 아리스토텔레스에게 아들을 맡겼다. 영화 「알렉산더」를 보면 처음 부분에 어린 소년들을 둘러앉힌 후 어떤 할아버지가 이야기를 해 주는 장면이 스쳐 지나가는데, 이것이 바로 어린 알렉산더에게 아리스토텔레스가 강의하는 장면이다. 청년 알렉산더는 그의 점령지를 페르시아, 인도, 이집트까지 넓히며 영토를 확장한 후에 페르시아 청년들에게 그리스어를 배우게 하면서 근위대로 채용을 했고, 자기는 페르시아 옷을 입으면서 페르시아 문화에 동화되어 갔다. 그는 이른 바 그리스 문화를 오리엔트 문화와 융합시킨 헬레니즘 문화의 주역이었던 것이다.

한편 그리스 남동부의 섬인 사모스의 참주 폴리크라테스는 사람을 잘 믿지 않고 방탕한 생활 습관을 가진 인물이었던 모양이다. 그는 엄청난 비용을 들여 토목 공사를 강행했고, 호화로운 생활을 위해 귀족들에게 엄청난 세금을 부과했단다. 그러니 인재들은 떠나 버리고 말았다. 리더가 사람 같지 않은데 착취까지 한다면 떠나는 수밖에……. 그래서 피타고라스도 마흔을 넘긴 나이에 고향을 등지고 이탈리아 해안의 크로톤에 닻을 내렸으리라.

한편 세상에는 인재를 알아보는 사람들이 있는 법, 그가 왔다는 소식을 들은 크로톤의 원로들이 이른바 초청 강연을 요청했단다. 사람을 사로잡는 뛰어난 강연 솜씨를 가졌던 피타고라스는 그 기회를 놓치지 않았고, 그 자리에서 300여 명의 학생들을 사로잡았다. 바야흐로 피타고라스학파가 탄생하기 시작한 것이다.

이 피타고라스 학파는 불교와 비슷한 윤회설을 믿었고, '털로 만든 옷을 입지 말라' '흰 수탉을 만지지 말라' '불빛 옆에서 거울을 보지 말라' 등의 약간 희한뚱글납작한 규칙들을 지키는, 오늘날의 시점에서 보면 사이비 종교집단 같은 공동체였다. 사람들은 피타고라스를 아폴론 신의 아들이라 믿었고, 그의 어머니를 파르테니스, 즉 '처녀'라 불렀다. 또 피타고라스는 이집트를 떠나기 전에 카르멜 산에서 은둔 생활을 했다고 전해지기도 하고, 같은 시각에 두 장소에 나타나기도 했고, 신의 목소리를 들을 수도 있었으며, 물 위를 걸었다고도 한다. 피타고라스에 관한 전설을 가만히 듣다 보면 기독교의 예수와 여러 면에서 비슷하기도 하고, 그래서 더더욱 사이비 종교집단같이 느껴진다. 뭐, 믿어도 그만 안 믿어도 그만인 전설이니 이쯤에서 이 이야기는 그만 하고, 수에 관한 피타고라스 학파의 생각들을 살펴보자. 어쨌거나 그는 수학의 세계에서는 존경 받을 만하고 찬양 받을 만한 인물이니까.

피타고라스는 이 세계의 근원을 수라고 보았다. 피타고라스와 피타고라스 학파 사람들은 수를 자연을 설명하는

제1의 원리이자 우주의 내용, 그리고 형식이라고 생각했다. 예를 들어 그들은 숫자 1이 신, 짝수는 여자, 홀수는 남자를 상징한다고 생각하였고, 그래서 최초의 여성수 2와 최초의 남성수 3의 결합 5는 결혼을 의미한다고 여겼다. 피타고라스가 요즘 세상에 살았다면 결혼에 가장 적당한 나이를 28세라고 생각했을 것이다. 왜냐하면 28은 완전수이기 때문이다. 더 일찍 하기는 힘들다. 28보다 작은 완전수는 6인데, 여섯 살에 결혼을 한다는 건 좀 너무하지 않나? "머리에 피도 안 마른 게……" 이런 소리 듣기 십상이다.

하여간 '완전수'라는 말이 나왔으니 좀 더 자세히 살펴보자. 고대 그리스인들은 6이라는 수에 아주 유별난 성질이 있음을 발견하였다. 그 유별난 성질이란 바로 6은 자기 자신을 제외한 약수 1, 2, 3의 합이라는 사실이다. 다른 수들을 보자. 가령 8을 보면, 자기 자신을 제외한 약수 1, 2, 4를 더하면 7이 된다. 9는? 1, 3을 더해 4가 된다. 그럼 또 다른 완전수를 한번 찾아 봐라. 앞에서 잠깐 얘기한 28이 있다. 자기 자신을 제외한 약수인 1, 2, 4, 7, 14를 합하면 28이 된다. 자, 자, 이제 그만 찾아도 된다. 28보다 큰 완전수는 496이다. 한참 조사해야 발견할 수 있으니 나중에 완전수 찾다가 지쳤다고 필자에게 항의할까봐 두렵다. 496보다 큰 완전수는 8128이다. 만 자리 아래에서의 완전수는 이 네 개뿐이다. 6, 28, 496, 8128. 이렇게 ‘자기 자신 이외의 약수의 합이 자신과 같아지는 수’란 어지간해서는 찾기 어렵다. 그래서 ‘완전수’라고 불렀던 것이다.

지금도 많은 수학자들이 이 완전수를 틈날 때마다 찾아 헤맨다고 한다. 최근에는 컴퓨터까지 동원해서 엄청나게 큰 완전수를 찾고 있단다. 그런데 재미있는 건 고대 그리스

시대부터 현대에 이르기까지 아직 홀수인 완전수는 발견되지 않았다는 것이다. 그러니 모험을 좋아하는 이들은 흥미가 있다면 한번 도전해 보아도 좋다. 홀수인 완전수를 찾아내면 세계적인 수학자의 반열에 오르게 될 테니까…….

다시 피타고라스 이야기를 조금 더 해 볼까? 만약 피타고라스에게 "선생님, 친구란 무엇입니까?" 이렇게 물었다면 그는 어떻게 대답했을까? 피타고라스는 "220과 284의 관계와 같네"라고 대답했을 것 같다. 220과 284의 관계가 어떠하기에 저런 대답을 할까? 자, 220의 약수를 찾아보자. 1, 2, 4, 5, 10, 11, 20, 22, 44, 55, 110이 있다. 이 모두를 더하면 무슨 수가 나오나? 바로 284이다!! 신기하다. 그럼 이번에는 284의 약수를 찾아보자. 1, 2, 4, 71, 142이다. 두근거리는 마음으로 다 더해 보자. 220이 나온다. 우와, 엄청 신기하다. 이처럼 약수를 각각 구해서 합하면 상대방 수가 되는 두 수를 가리켜 '친화수' '친구수' 혹은 '친족수' 라고 한다. 그리고 보면 말이 된다. 친구라는 게 뭔가. '또 다른 나' 라고 할 수 있지 않을까? 220과 284 같은 친구가 인생에 한 명이라도 있다면 그 인생은 성공한 것이다.

없다면 빨리 만들게나!

그런데 완전수나 친화수에 대해 쭈욱 이야기하다 보니 갑자기 조금 한심스럽다는 생각이 든다. 완전수를 찾거나 친화수를 찾는 게 뭐 그리 인생에 도움이 된단 말인가. 잠시 이런 회의에 잠길 수도 있다. 그러나 어떤 목적을 놓고서 수학과 과학을 연구한다면 생각이나 아이디어가 제한돼 좋은 성과를 거두기가 힘들다. 당장은 쓸모없어 보이는 대상이라도 호기심과 열정만으로 그것을 끝없이 공부하고 밝혀내는 사람들이 있는데, 인류의 역사는 그런 사람들에 의해 한걸음씩 발전해 왔다. 수학자 리만에 의한 『리만 기하학』이 그러했다. 쓸모없어 보이던 『리만 기하학』에 의해 아인슈타인의 『상대성 이론』이 성립할 수 있었기 때문이다.

아참, 아직 피타고라스에 관한 이야기는 다 끝나지 않았다. 잠깐 소수와 소인수분해에 대해 알아보고, 분위기 썰렁해지면 다시 돌아온다. 아윌 비 백(I'll be back)!!

앞에서 완전수와 친화수를 찾아내는 것이 사람 사는 데 무슨 소용이 있는지 잠시 의심을 해 보았다. 순수 학문은 당장의 효용 가치가 없더라도 다른 학문에, 또 인류 역사에 공헌을 한다는 점에서 특징적이다. 그래서인지, 6이라는 완전수를 발견한 후부터 고대 그리스인들은 자연수의 성질을 이치에 맞게 규명해 내려는 탐구심을 불태우기 시작했다. 즉, 수에 대한 미신적인 호기심보다 과학적인 마인드가 생기고 발전하기 시작한 것이다. 자연수의 소인수분해에 관한 유클리드의 중요한 연구가 이 완전수의 발견에 이어서 나왔다는 건 그래서 의미가 있다.

그는 '어떤 자연수에 대해서 그것을 솟수의 곱으로 나타내는 방법은 한 가지뿐이다'라는, 얼핏 보기에는 당연한 것 같으면서도 자연수의 성질에 있어서는 대단히 중요한 법칙을 증명해 냈다. 그것이 바로 '소인수분해'이다. 그는 또한 완전수에 아주 큰 관심을 가지고 있었다고 전해진다. 그러니 당연히 완전수를 찾기 위해서는 소인수분해와 같은 방법을 고안해 내야 할 필요가 있지 않았을까.

소인수분해라는 건 '수에 대한 성분 분석'이나 다름없다. 요즘 사람들이 좋아하는 「CSI 과학수사대」에 나오듯이 핏자국을 긁어다가 성분을 분석해서 범인의 DNA를 가려내는 것과 비슷하게, 소인수분해를 이용하면 약수와 배수, 최대공약수와 최소공배수를 쉽게 알아낼 수 있는 것은 물론이고, 분수의 약분도 거뜬히 해낼 수 있다. 또 순환소수인지 무한소수인지를 바로 구별하는 데에도 이 방법이 쓰인다. 그러니 소인수분해는 한마디로 매우 매우 중요한 수학의 도구라고 말할 수 있다.

피타고라스에 대해 이야기를 하다가 옆길로 많이 샜지만, 이왕 시작한 김에 소인수분해에 대해 알아보자. 우선 소인수분해를 알려면 '솟수(또는 소수)'에 대해 알아야 한

다. 솟수는 0.7과 같은 작은 수를 의미하는 소수(小數)가
아닌, 솟수(素數)이다. 헷갈리지 마시도록! 솟수란 '1보다
큰 자연수 중에서 1과 그 수 자신만의 곱으로 나타낼 수 있
는 수'이다. 가령 2는 솟수이다. 1×2로만 나타낼 수 있고
그 외에는 방법이 없기 때문이다. 3은? 3도 솟수이다.
1×3 외에는 나타낼 방법이 없다. 그럼 4는? 4는 솟수가
아니다. 1×4로 나타낼 수도 있지만, 2×2로도 나타낼 수
있기 때문이다. 이런 식으로 솟수를 찾아보면 2, 3, 5, 7,
11, 13, 17, 19, 23…… 등을 발견할 수 있다. '……' 이
표시로 보아 알겠지만 솟수는 무한히 많다.

그런데 이렇게 얘기하면 꼭 따지고 드는 사람이 있다.
"솟수가 무한히 많은지 어떤지 선생님이 다 찾아봤어요?
어떻게 알아요? 선생님이 무슨 점쟁이에요?" 자, 그래서
결국 무덤 속의 유클리드를 불러오기로 결심한다. 지금부
터 2,300년 전에 유클리드가 '솟수는 무한히 많다'는 사실
을 증명해 놓았기 때문이다. 그의 설명을 한번 들어 보자.

유클리드 : 아, 피곤한데. 다 밝혀 놓았는데 또 뭘 설명하라는

거야. 좋아, 딱 한 번만 더 설명해 줄 테니 잘 들어. 가령 솟수의 개수가 유한개, 그러니까 아무리 많다고 해도 끝은 있다고 가정하자. 그러면 그 유한한 모든 솟수를 전부 곱한 것에 1을 더한 수는 솟수일까? 아닐까? 잘 생각해 봐. 솟수가 된단다. 왜냐하면 말이야, 이 수는 어떤 솟수로 나누어도 1이 남는 수, 즉 솟수로 나누어떨어지지 않는 수이기 때문이지. 따라서 지금까지의 어떤 솟수와도 다른 새로운 솟수인 거야. 그러니까 또 하나의 솟수가 만들어진 셈이지. 좋아, 그럼 이렇게 만들어진 솟수까지 포함해서 모든 솟수를 곱했다고 치자. 거기에 1을 더한 수는 또 새로운 솟수가 되지? 이렇게 따져 보면 처음에 솟수는 유한하다고 했던 가정은 잘못되었다는 것을 알겠지? 그러니까 솟수는 무한한 거야. 됐는가? 나 간다~~!

(똑똑한 유클리드 뒤로 숨는다.) 어때? 더 따질 사람은 따져 봐라. 흐흐흐. 실제로 유클리드의 방식대로 한번 해 보자. 우선 아까 2와 3은 솟수라고 했지? 그럼 그 두 수를 곱한 데다가 1을 더하면 7이 된다. 맞다. 7은 솟수이다.

1×7 말고는 표현할 수 없다. 오호, 그렇다면 이런 방식으로 솟수를 찾아가면 계속 솟수를 찾아갈 수 있는 거겠네? 이렇게 생각한 순간 필자의 머리를 때리는 숫자가 있다. 가만, 그럼 5는 어디 갔지? 그렇다. 5도 솟수인데 유클리드의 증명 방식을 빌어다가 솟수를 찾으면 빠지는 수가 많다. 가령 2, 3, 5, 7이라는 솟수를 모두 곱한 후 더하기 1을 해서 211이라는 솟수를 만들 수는 있다. 하지만 7과 211 사이에 있는 솟수 11, 13, 17, 19 등은 모두 누락되고 만다. 따라서 유클리드의 방식은 실제로 솟수를 차례차례 찾아내는 데는 아무 도움이 되지 않는다는 이야기이다. 그래서 이번에는 옛날 고대 그리스의 수학자 에라토스테네스에게 도움을 청한다. 도와줘요, 에라토스테네스~~

에라토스테네스 : 나도 피곤한데. 자, 잘 들어. 먼저 2가 솟수잖아? 그럼 2를 남겨 놓고 나머지 2의 배수는 지워가 보자. 4, 6, 8, 10…… 등은 걸러내는 거지. 이해가 안돼? 솟수는 1과 자신만의 곱으로 나타낼 수 있는 수잖아. 그러니까 1과 자기 자신만을 약수로 갖는 수라는 말이지. 그런데 2의 배

수들은 2라는 약수를 가지니까, 즉 2로 나눠지니까 솟수가 안되는 거야. 알아들었지? 그럼 똑같은 방식으로 이번에는 솟수인 3을 남겨 두고 3의 배수들을 싹 지워가 보자. 그 다음에는 5를 남겨 놓고 5의 배수들을 지우고, 또 7을 남겨 놓고 7의 배수들을 지우는 거지. 이 작업을 계속하면 결국 솟수만이 남게 되고, 1부터 100까지, 또 100부터 1000까지의 솟수를 골라낼 수 있지. 으아, 하지만 이 작업은 시간이 무지하게 걸려서 힘들어. 아참, 근데 너네들은 컴퓨터가 있잖아. 좀 쉽겠네. 자, 그럼 나도 간다~~

역시 에라토스테네스답게 간단명료하게 문제를 해결해 주고 갔다. 사람들은 에라토스테네스가 솟수를 찾아내는 이런 방법이 마치 체로 작은 돌멩이들을 걸러 내듯, 솟수가 아닌 수를 걸러 내고 솟수만 남긴다는 의미에서 '에라토스테네스의 체' 라고 불렀다. 꽤 괜찮은 비유인 것 같다. 재미있다. 하지만 또 어떤 학생은 의구심을 갖는다. 도대체 왜 솟수를 그렇게 골라내려고 하지? 그게 무슨 소용이 있어서?

우선 솟수는 인터넷 사이트의 비밀번호 같은 암호를 만

드는 데 절대적으로 필요한 숫자이다. 아주 쉽게 예를 들어 보겠다. 가령 아주 중요한 비밀번호를 무선통신이나 휴대폰으로 불러 준다고 하자. 그냥 불러 줬다가는 도청이나 감청 당하기 딱 좋다. 아주 중요한 것일수록 노리는 사람이 많으니까. 그럴 때 암호를 불러 주는 거다. 실제 비밀번호가 2357이라고 한다면 그걸 420으로 바꿔서 불러주는 형태인데, 원리는 이렇다. 420을 소인수분해한 $2^2 \times 3 \times 5 \times 7$이 포함하고 있는 솟수 2, 3, 5, 7을 비밀번호로 삼고 그걸 420이라고 불러주는 식인 것이다. 소인수분해에 대해서는 잠시 후에 설명하겠다.

사실 420은 그리 큰 숫자가 아니지만 정말 진짜 진짜 큰 솟수의 곱으로 된 수를 사용한다면 문제는 달라진다. 소인수분해를 하는 데만도 엄청난 시간이 걸릴 테고, 그 때문에 암호를 해독하는 데에도 상당한 시간이 소요될 것이다. 그래서 비밀스런 암호가 필요한 경우, 아주 아주 큰 수의 소인수를 암호로 하는 경우가 많다고 한다. 그러니 만약 솟수가 없다면 인터넷 뱅킹 같은 편리함을 누릴 수는 없었으리라는 것이다.

이제 솟수에 대해 알았으니, 소인수분해를 설명하기가 쉬워졌다. 소인수분해란 한마디로 정수를 솟수의 곱으로 분해하는 것이다. 어떤 물질을 가장 작은 원자 단위로 쪼개듯이 말이다. 백문이 불여일견, 일단 분해해 보자. 컴퓨터에 대해 제대로 알고 싶으면, 일단 빗자루로 얻어맞을 각오하고 컴퓨터를 직접 분해해 보는 게 가장 빠르다. 그렇다고 컴퓨터 뜯지 마라. 고장 나도 나는 책임 안 진다. 먼저 45를 소인수분해해 보자. 방법은 간단하다. 가장 작은 솟수로 나눠 가는 거다. 45는 2로 나눠지지 않으니까 3으로 먼저 나눈다. 3×15. 그 다음에는 15를 역시 가장 작은 솟수로 나눈다. 2로는 안되니 또 3으로 나눈다. 그러면 $3 \times 3 \times 5$이다. 5는 솟수니까 분해가 끝난 거다.

이렇게 수의 성분을 분석하는 방법, 즉 소인수분해는 정말 편리한 도구이다. 요 방법을 쓰면 우선 약수를 쉽게 구할 수 있다는 장점이 있다. 앞에서 소인수분해한 45의 약수를 찾아보자. 어떻게 찾으면 될까? 약수라는 건, 어떤 수를 나누어떨어지게 하는 수이다. 쉽게 말하면 45를 나눠서 나머지가 0이 되는 수들이 바로 45의 약수인 것이다. 다 안다고? 혹시나 모를까봐 설명했다. 소인수분해를 통해 찾지 않고 그냥 찾으려면 대충 감으로 때려야 한다. 먼저 1은 당연히 약수고, 45도 당연히 약수이다. 그 다음에는 $3 \times 15 = 45$ 니까, 3과 15가 약수이다. $5 \times 9 = 45$니까 5와 9도 약수이다. 근데 이런 방식은 숫자가 작을 때에는 별로 상관없는데, 클 때에는 좀 곤란하다. 그래서 다음과 같은 방법을 쓴다.

$\times$	$5^0 = 1$	$5^1 = 5$	$5^2 = 25$
$3^0 = 1$	1	5	25
$3^1 = 3$	3	15	75
$3^2 = 9$	9	45	225
$3^3 = 27$	27	135	675

소인수분해의 효용은 여기에서 멈추지 않는다. 요건 분수의 약분에도 상당히 도움이 된다. 분자, 분모의 크기가 그리 크지 않을 때는 그냥 분모, 분자를 같은 수로 적당히 나눠 가면 된다. $\frac{15}{40}$이면 먼저 5로 분자 분모를 똑같이 나누면 $\frac{3}{8}$, 이렇게 약분이 된다. 그런데 만약 $\frac{172}{2150}$이라는 분수가 있는데 이걸 약분할 때에는 그냥 막연히 나눠 가는 것이 영 불편하다. 바로 이럴 때, 다음과 같이 소인수분해를 사용해야 한다.

$$\frac{172}{2150} = \frac{2^2 \times 43}{2 \times 5^2 \times 43} = \frac{2}{5^2} = \frac{2}{25}$$

훨씬 쉽지? 또 있다. 어떤 분수가 유한소수인지 무한소수인지를 알 수 있는 것도 소인수분해를 통해서 가능하다. 앞에서도 설명했듯이 유한소수가 되려면 분모를 10의 제곱수 형태로 바꿀 수 있어야 한다. 다시 말하면 $\frac{13}{20}$은 유한소수임을 알 수 있는데, 그 이유는 분모와 분자에 5를 곱하면 $\frac{65}{100}$이 되기 때문이다. 즉, 분모가 10^2이고, 그래서 $\frac{13}{20}$은 아주 쉽게 0.65임을 알 수 있다. 반면 $\frac{15}{22}$는 척 보면 무한소수이다. 왜? 분모에 어떤 수를 곱하더라도 10의 제곱수로 만들 수 없기 때문이다.

그걸 어떻게 알았을까? 분모를 소인수분해해 보면 안다. 22를 소인수분해하면 2×11이다. 2×11에 어떤 자연수를 곱하더라도 10의 제곱수로 바꿀 수는 없다는 것쯤은 여러분도 알 것이다. 그런데 분모를 10의 제곱수로 바꾸는 것은 분모의 소인수가 2와 5일 때에만 가능하다. 그래서 어떤 분수가 유한소수인지 무한소수인지 알아보는 방법은 분모를 소인수분해해서 그 소인수가 2나 5뿐인지를 확인해 보면 되는 것이다. 이처럼 여러모로 소인수분해는 쓰임새가 많은데, 앞으로 설명할 최대공약수와 최소공배수를 찾는 데에도 이 소인수분해는 긴요하게 쓰인다. 그러니 이 기회에 확실히 알아 두자. 자, 솟수와 소인수분해에 대해서는 여기까지 하자.

어, 그런데 또 누가 딴지를 건다. "선생님! 아까 솟수는

1과 그 자신만의 곱으로 나타낼 수 있는 수라고 했는데, 1은 왜 솟수로 취급하지 않는 거지요?" 답변은 간단하다. "솟수로 치지 않기로 수학자들끼리 약속을 했기 때문이다." 왜 그런 약속을 했을까? 불편하기 때문이다. 만약 1을 솟수라고 하면, 소인수분해는 지금처럼 한 가지로만 나타낼 수 있는 게 아니라(어려운 말로 '소인수분해의 일의성을 해친다' 고 한다) 경우의 수가 많아진다. 가령 4의 소인수분해는 2×2이다. 그런데 1을 솟수로 치면 그 방법이 2×2, $1 \times 2 \times 2$, $1 \times 1 \times 2 \times 2$…… 등으로 끝도 없이 많아진다. 수의 성분 분석 결과가 이렇게 많아지면 소인수분해는 그 효용이 없어지기 때문에, 수학자들은 1을 솟수에서 제외하기로 한 것이다. 그쪽이 훨씬 효율적이다. 이 정도면 질문에 대한 대답이 됐겠지?

9 바보들의 취미,
최소공약수와 최대공배수 구하기
-최대공약수와 최소공배수

잠깐, 이왕 말이 나온 김에 최대공약수와 최소공배수에 대해서 먼저 살펴보고 넘어가자. 이것들은 자주 언급되기 때문이다. 그러자면 일단 약수와 배수, 공약수와 공배수의 개념부터 확실히 해야 한다. 앞에서 솟수와 소인수분해를 설명하면서 약수라는 말은 수도 없이 썼다. 중간에 간략하게 설명을 하기는 했지만, 학생들 중에 약수가 뭔지 잘 모르면서 그냥 고개만 끄덕거린 친구도 분명히 있을 것 같다. 그럴 땐 손 들고 물어봐야 한다. 모르면서 아는 척하는 것보다 모를 때에는 분명히 모른다고 하는 게 몸에 좋다. 물론 아는 사람은 그냥 넘어가라. 괜히 읽고서 "이렇게 쉬운 걸 뭐하러 또 설명했냐" "수준이 초등학교 수준으로 너무

낮아 이 책은 못 읽겠다” 하면서 불평하지 마라. 자, 시작한다.

어떤 수 A가 어떤 수 B로 나누어떨어지면, 이때 B를 A의 약수라 하고, A를 B의 배수라고 한다. 말장난같이 알쏭달쏭한가? 그러면 식으로 써 보자. 8=4×2이므로 이때 8은 4의 배수이고, 4는 8의 약수이다. 자, 그러면 곱해서 6이 되는 식을 다 써 보자. 1×6=6, 2×3=6 등이 있다. 따라서 1, 2, 3, 6은 모두 6의 약수가 되고, 6은 1, 2, 3, 6의 배수가 되는 것이다. 이것보다 더 쉽게 설명할 수는 없다. 그러니 모르겠으면 꼼꼼하게 다시 읽어 봐라. 분명 정상적인 포유류 중의 영장류 두뇌 구조를 가졌다면 이해할 것이다. 아참, 가끔 수학책을 보다 보면 ‘인수’라는 말이 나오는데, ‘인수’는 ‘약수’와 같은 말이다. 헷갈리지 마시도록.

그러면 ‘공배수’와 ‘공약수’는 쉽게 이해되었겠지? (이때 쓰인 ‘공’이라는 말은 공수레 공수거의 ‘공’처럼 ‘비었다’는 뜻이 아닌, ‘공통’이라는 뜻이다. 영어로 치면 ‘com-’에 해당한다 하겠다.) 혹 아직도 이해가 안되는 학생들을 위해 그냥 예를 들어 설명하자. 6의 약수를 찾아보면 1, 2,

3, 6이 있다. 8의 약수는 1, 2, 4, 8이다. 자, 그럼 6의 약수와 8의 약수 중 공통인 약수가 뭘까? 1과 2이다. 그렇지. 이게 바로 '공약수'이다. 6과 8을 나누어떨어지게 하는 수들, 그게 바로 공약수인 것이다. 당연히 '최대공약수'는 공약수 중에서 가장 큰 수인 2가 된다. 너무 쉽다고 푸념하는 학생들, 푸념할 필요 없다. 다시 말하지만 그냥 건너뛰면 된다.

똑같은 방식으로 '공배수'를 찾아보자. 먼저 2의 배수는 0, 2, 4, 6, 8……이다. 그럼 3의 배수는? 0, 3, 6, 9, 12, 15……이다. 그러므로 2와 3의 공배수는 당연히 0, 6, 12, 18……이 된다. 2의 배수와 3의 배수 중 공통된 수를 골라내는 거니까. 그중에서 최소공배수를 찾으면 원칙적으로는 0이 되지만, 0을 찾아내는 것은 하나마나한 일이기 때문에 최소공배수는 0을 제외한 가장 작은 공배수를 뜻하는 것으로 이미 약속이 되어 있다. 0을 제외한 최소공배수(앞으로는 그냥 최소공배수라고 하겠다)를 찾으면 공배수는 저절로 나온다. 최소공배수의 배수들이 공배수가 되니까. 앞에서 2와 3의 공배수를 골라내는 방법은 2와 3의 최소공배수인 6의 배수들을 찾아내면 되었던 것과 같은 이치이다. 알겠지? 이제 배웠으면 한번 써먹어 볼까?

먼저 공배수가 어떻게 유용하게 쓰이는지 살펴보자. 역사책을 한번 뒤져 보면 '기묘사화' '을미사변' '병인양요' '갑오경장' '임오군란' 등등의 말들이 넘쳐 흐른다. 그 옆에 설명된 내용을 들여다보면 '기묘사화' 는 기묘년에 선비들이 화를 입은 사건이란 뜻이고, '임오군란' 은 임오년에 군인들이 일으킨 난리라는 뜻이다. 말하자면 앞에 '기묘' 니 '을미' 니 '병인' 이니 하고 붙은 것은 일종의 연도 표시인 셈이다. 2007년도 새해가 밝았을 때에도 TV에서 아나운서들은 "정해년 새해가 밝았습니다"라는 말을 했으니, 이러한 것들은 바로 '십간십이지' 를 활용한 연도 표시이다. 그동안은 그냥 지나쳤다면 이 기회에 자세히 살펴보자. 이는 공배수의 원리가 잘 적용되어 있는 사례이기 때문이다.

십간(十干)은 갑, 을, 병, 정, 무, 기, 경, 신, 임, 계를 말하고, 십이지(十二支)는 자, 축, 인, 묘, 진, 사, 오, 미, 신, 유, 술, 해이다. 십간은 10년에 한 번, 십이지는 12년에 한 번씩 되돌아오게 되어 있다. 이 둘을 합해서 '갑자' 라고 말한다. 자, 그러면 문제를 한번 내 볼까? 2007년이 정해년이다. 정해년이 또 돌아오려면 최소한 몇 년이 걸리겠는가? 그렇다. 눈치 빠른 사람은 벌써 답을 찾기 시작한다. 십간과 십이지의 최소공배수를 구하면 된다. 즉, 10을 소인수분해하고 12를 소인수분해해서 공통되는 인수와 공통되지 않는 인수를 찾아 모두 곱하면 되는 것이다.

갑	을	병	정	무	기	경	신	임	계
甲	乙	丙	丁	戊	己	庚	辛	任	癸

자	축	인	묘	진	사	오	미	신	유	술	해
子	丑	寅	卯	辰	巳	午	未	申	酉	戌	亥

십간십이지

그러나 정말 눈치 빠른 사람, 눈치로 콩 볶아 먹는 사람, 눈칫밥 3년간 먹은 사람은 그냥 척 답을 얘기할 것이다. 60년. 그렇다. '인생만사 60부터'라고 하는 말이나 '환갑(회갑)'이라는 말이 괜히 나왔나? 10과 12의 최소공배수는 60이다. 그러니 최소한 60년이 지나야 다시 정해년이 오는 것이다. 대충 인간의 수명이 80세 정도라고 하면 살아생전에 환갑을 두 번 맞기는 힘들겠지? 그래서 환갑이 되면 잔치도 하고 축하도 해 드리는 것이다.

십이간지에 대한 이야기가 나왔으니 국사 공부의 팁을 한 가지 전해 주겠다. 앞에서 얘기했듯이 조선 시대에는 갑자로 연도를 많이 표기했다. 요즘은 주입식, 암기식 공부를 지양하는 편이어서 연도를 무작스럽게 외워야 하는 것 같지는 않다. 그렇더라도 혹시 연도를 정확히 알아야 할 경우에는 이런 편법(?)을 써 볼 수 있다.

가령 갑오경장은 1894년이다. 그렇다면 필자는 단언할 수 있다. 우리 역사에서 '갑~'으로 시작하는 연도는 끝자리가 모두 4이다. 김옥균 등의 개화파들이 일본을 등에 업고 일으킨 개화 운동인 갑신정변은 1884년에 일어났다. 그 밖에 굵직굵직한 사건이 기억나지 않아 밝힐 수는 없지만, 확실하다. 만약 '갑~'으로 시작했는데 연도 표기가 4로 끝나지 않는다면 필자를 스토킹해도 좋다. 한편 기묘사화는 중종 14년인 1519년에 사림들이 화를 입은 사건이고, 기미년 3월 1일에 일어난 3.1 독립운동은 1919년에 일어난 일이다. 이것들을 잘 보면 모두 9라는 숫자로 연도가 끝난다. 마찬가지이다. '기~'로 시작했는데, 연도 표기가 9로 끝나지 않는다면 필자에게 항의를 해도 좋다.

짱구를 잘 굴리는 친구들은 벌써 알아차렸음직하다. 앞에서 이야기했던 십간의 경우는 10년을 주기로 바뀌기 때문에 지금의 연도 표기를 사용하면 끝자리 수는 계속 같아지는 것이다. 그러니 갑오경장이 1894년에 일어났다는 사실 하나만 알고 있다면, 앞으로 어떤 갑자의 연도 표기가 나오더라도 그것이 '갑~'으로 시작된다면 ×××4년에 일어난 일이라는 것은 확실하다는 이야기이다. 주입식 교육 시절에는 이런 편법에 대해서도 열심히 연구해야만 했다. 왕년에 필자는 이런 거 고안해 내서 친구들에게 알려주어서 인기 짱이었다. 그 당시에는 '갑오경장이 일어난 해는?' 이런 문제가 주관식 문제로 출제되곤 했었으니까…….

자! 이번에는 또 다른 문제를 생각해 볼까? 내일 소풍을 간다고 가정하자. 단무지가 70줄이 있고, 김밥햄이 105줄이 있다. 물론 달걀도 넣고 시금치나 당근도 넣지만 우리 딸을 포함하여 애들은 김밥에 단무지와 소시지가 많이 들어갈수록 좋아한다. 맛있으니까~~. 그래서 어머니한테 햄과 단무지를 하나도 남기지 말고 김밥을 싸 달라고 부탁을 한다. 그런데 맛을 고르게 하려면 각각의 김밥에 들어가는 단무지와 소지지의 양이 같아야 한다. 그럼 김밥을 몇 줄을 싸야 할까?

지금 만약 70과 105의 최소공배수를 구하고 있는 학생이 있다면 생각의 주머니를 크게 만들어 보자. 어머니가 싸야 하는 김밥의 수는 70과 105를 동시에 나눌 수 있는 수, 즉 공약수여야 한다. 그러니 그중에서 가장 큰 공약수, 다시 말해 최대공약수를 찾아야 하는 문제인 것이다. 답은 35줄이다. 즉, 단무지는 두 줄씩 넣고 김밥햄은 세 줄씩 넣은 김밥을 35줄을 싸야 맛이 고른 김밥을 실컷 먹게 되고, 소풍 안 가는 동생도 학교에 김밥 도시락을 가지고 가면서 룰루랄라할 수 있다. 사실 햄 세 줄은 너무 많지만 문제를 풀어 보려고 한번 가정해 본 것이다.

최대공약수와 최소공배수는 이처럼 생활 속에서 꽤 요긴하게 쓰인다.

어디 이번에는 정치 문제로 고개를 돌려 볼까? 우리나라 대통령의 임기는 5년이고, 국회의원의 임기는 4년이다. 이렇게 임기가 차이가 나기 때문에 대통령 선거와 국회의원 선거가 동시에 이뤄지는 해는 드물다. 그런데 지난 1988년에는 대통령 선거와 국회의원 선거가 동시에 이뤄졌다. 그렇다면 언제 또 두 선거를 같이 치를 수 있을까? 이건 최소공배수와 관련된 문제이다. 5와 4의 최소공배수는 20. 따라서 1988년의 20년 뒤인 2008년에는 대통령 선거와 국회의원 선거가 같은 해에 실시된다. 아마도 나라가 몹시 들썩거릴 것 같다. 하지만 대통령 선거는 2007년 12월에 미리 치러서 2008년에 대통령이 집무를 시작할 수 있게 하

고, 국회의원 선거는 정기국회가 9월 1일부터 시작되므로 2008년 상반기에 이루어진다.

이렇게 설명하노라면 누군가 반드시 다음과 같은 질문을 한다. "가만! 최대공약수가 있으면 최소공약수도 있는 거 아니야? 그리고 최소공배수가 있으면 최대공배수도 있을 것이고, 그건 왜 안 구해?" 그러면서 못된 투정을 부린다. 좋다. 우선 최소공약수부터 생각해 보자. 구할 게 뭐가 있겠냐? 모든 수의 약수이면서 가장 작은 정수인 1이 최소공약수가 될 것은 당연지사이니 말이다. 1이다, 1! 됐냐? 그 다음. 최대공배수? 좋다. 문제를 낼 테니까 구해 봐라. 시간이 남아돌거든 2와 3의 최대공배수를 구해 봐라. 그리고 구하면 필자에게 알려 달라. 참고로 배수는 무한히 계속된다. 2의 배수는 0, 2, 4, 6, 8……∞이고, 3의 배수는 0, 3, 6, 9……∞이다. 그러므로 최소공약수와 최대공배수를 구한다는 것은 별 의미가 없다. 그러니 바보들의 취미라고나 할까?

10 피타고라스의 무시무시한 집착
-삼각수와 사각수

앞에서 피타고라스는 이 세계의 근원을 수라고 보았고, 수와 수의 관계를 통해 자연을 설명하고 우주를 설명하고자 했다고 말했다. 기억이 나는가? 그런 피타고라스의 생각은 피타고라스 학파의 정신이나 다름없었다. 피타고라스 학파는 수학으로 세상을 바라보았기 때문이다. 특히 피타고라스는 정수에 대해 집착과도 다름없는 애정을 보였다. 그러다 보니 앞에서 말한 것처럼 완전수와 친화수를 발견해 내게 되었고, 수가 가지는 여러 가지 마법과도 같은 성질을 발견하게 되었다. 삼각수와 사각수도 그런 정수에 대한 집착 또는 애정 덕분에 발견한 것이었다.

우선 삼각수라는 것을 보자.

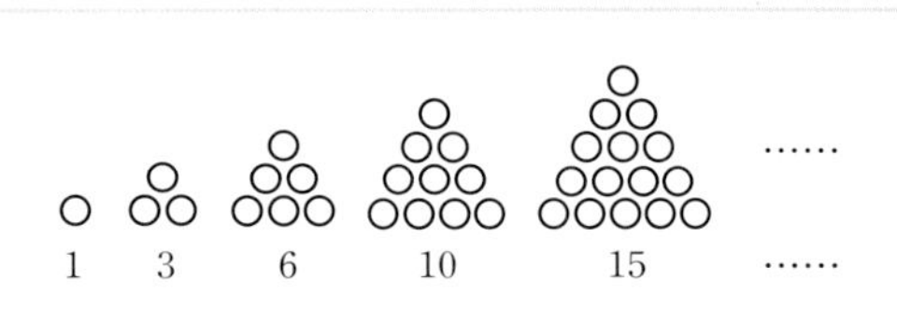

그림처럼 일정한 크기의 동그라미를 삼각형의 꼴로 쌓아 나가다 보면 동그라미의 수가 1, 3, 6, 10, 15…… 이렇게 늘어난다. 보통 사람이면 그냥 이 정도에서 넘어갔을 텐데, 피타고라스는 여기에서 묘한 규칙성을 발견해 냈다. 어떤 규칙성일까?

$$1=1$$
$$1+2=3$$
$$1+2+3=6$$
$$1+2+3+4=10$$
$$1+2+3+4+5=15$$
....

자, 이 정도 써 놓았으면 여섯 번째 삼각수의 값은 삼척동자도 알 수 있다. 1부터 6까지를 더하면 21이라는 답이 나온다. 그러므로 여섯 번째 삼각수는 총 21개의 동그라미가 필요한 것이다. 수에 이만저만 심취한 사람이 아니면 이런 것을 발견해 내기가 힘들다. 그런데 피타고라스는 여기서 한걸음 더 나아가서, 아예 삼각수의 규칙성을 식으로 만들어 버렸다.

여기서 돌발 퀴즈! 1부터 100까지의 자연수의 합을 한번 구해 보아라. 시간은 10초 준다. 분주하게 펜을 놀려야 한다. 그러나 시간은 여기서 끝. 답은 5050이다. 시간을 너무 짧게 줬다고? 아니다. 독일 태생의 천재 수학자 가우스는 단 몇 초 만에 답을 냈다. 그것도 초등학교 2학년 아홉 살 때 말이다. 독자들을 기 죽이려고 한 말은 아니다. 워낙 유명한 일화라 소개하고 싶어서 그랬다. 그는 현대 정수론의 가장 중요한 기초를 마련한 『정수론 연구』의 저자이니 수학적인 측면에서는 남다른 사람이었다. 그러니 괜히 기죽을 필요 없다. 여러분보다 롤러 브레이드는 훨씬 못 탈 것이고, 전자오락에는 젬병이었을 테니까. 누구나 잘하는 분야는 따로 있는 법이다!

하여간 가우스가 초등학교 다닐 때 그의 선생님이었던 뷔트너라는 분은 수업 시간에 학생들에게 1부터 100까지의 모든 자연수의 합을 구하라는 문제를 냈다고 한다. 다른 학생들은 모두 책상에 코를 박고 $1+2+3+4+5+6+\cdots\cdots$ $+100=?$ 이 문제를 열심히 풀고 있었는데, 가우스가 단 몇 초 만에 손을 번쩍 들더란다. "답은 5,050이에요."(솔직히 필자도 이런 학생에게는 좀 정이 가지 않는다. 잘못한 것도 없는데 괜히 얄미운 생각도 든다.) 선생님은 가우스에게 풀이 과정을 물었고, 그때 가우스는 멋진 대답을 날렸다. "모두 50개의 짝이 있는데요, 그 짝들의 합은 각각이 모두 101이에요. 그니까 50×101을 하면 5,050이 되는 거죠." 이때 겨우 20에서 30까지 더하고 있었던 학생들, 뭔가 속았다는 생각과 더불어 허탈한 느낌까지 들어 연필을 쥔 손에 힘이 풀어졌을 것이다. 어쩌면, 어리어리한 독자들은 가우스의 말을 못 알아듣고 딴 나라 이야기라고 생각할지도 모르니, 가우스의 해법을 식으로 한번 써 보자.

$$
\begin{array}{r}
1 + 2 + 3 + \cdots\cdots + 50 \\
+)\ 100 + 99 + 98 + \cdots\cdots + 51 \\
\hline
101 + 101 + 101 + \cdots\cdots + 101
\end{array}
$$

이제 금방 이해가 되지? 아홉 살짜리 초등학생이 이런 기발한 방법으로 선생님의 문제를 풀어냈으니 얼마나 귀여

었을까? 감명 받은 뷔트너 선생님은 가우스가 더 높은 수준의 수학을 배울 수 있도록 중학교 진학을 주선해 주었고, 상급 학년의 교과서까지 제공해 주었다고 한다. 이른바 영재 교육에 들어간 것이다.

벽돌공 노동자의 아들이었던 가우스는 이러한 훌륭한 선생님 덕분에 열네 살에 중등 교육을 마치고, 그 후 천재성을 발휘하면서 수학 분야에서 탁월한 업적을 남겼다. 그가 개척한 수학의 분야를 열거하자면, 복소수 이론, 벡터 해석, 미분 기하학, 정수론(늘 말하지만 이런 용어들은 그냥 듣고 흘려라) 등에서 중요한 업적을 남겼고, 그의 연구는 지금도 과학 분야에 큰 영향을 미치고 있다. 따라서 가우스에게는 '수학의 황제'라는 칭호가 따라다닌다. 아인슈타인도 가우스의 아이디어를 상대성 이론과 원자력에 관한 연구에 이용했다고 하니 둔재인 우리들로서는 그저 입 벌리고 감탄할 수밖에……

또 너무 샛길로 샜지? 피타고라스가 삼각수의 개수를 세는 공식을 만드는 방법이 바로 이와 유사해서 갑자기 머릿속에서 자유 연상이 일어난 것이다. 그럼 삼각수의 규칙성을 다시 들여다보자. 여섯 번째의 삼각수는 $1+2+3+4+5+6$을 계산해서 얻을 수도 있다. 하지만 점점 수가 늘어나서 100번째 삼각수를 구하려면 어찌해야 할까? 미련하게 마냥 더하고 있을 수만은 없는 노릇이다. 그렇다. 가우스의 방법을 조금만 응용하면 된다.

$$
\begin{array}{r}
1 + 2 + 3 + 4 + 5 + 6 + \cdots\cdots + 100 \\
100 + 99 + 98 + 97 + 96 + 95 + \cdots\cdots + 1 \\
\hline
101 + 101 + 101 + \cdots\cdots + 101
\end{array}
$$

이렇게 써 놓고 보면 100번째 삼각수는 100×101을 2로 나누면 된다는 결론이 나온다. 그러므로 우리는 이렇게 식을 유추해 낼 수 있다. 100×101은 $100 \times (100+1)$이다. 이걸 2로 나누면 100번째 삼각수를 계산해 낼 수 있다. 즉, n번째 삼각수를 구하려면 $\frac{n(n+1)}{2}$을 하면 되는 거다. 역시 피타고라스!! 가우스 뺨치는 수준이다. 역시 정수에 매료되어 세상을 정수로 설명하고자 한 사람답다. 하지만 피타고라스는 보통 사람이 아니다. 삼각수에 만족하지 않고 이번에는 사각수에 도전한다.

그렇다면 사각수란 무엇일까? 삼각수와 비슷하게 이번

에는 동그라미를 정사각형 모양으로 아래와 같이 배열하면
된다.

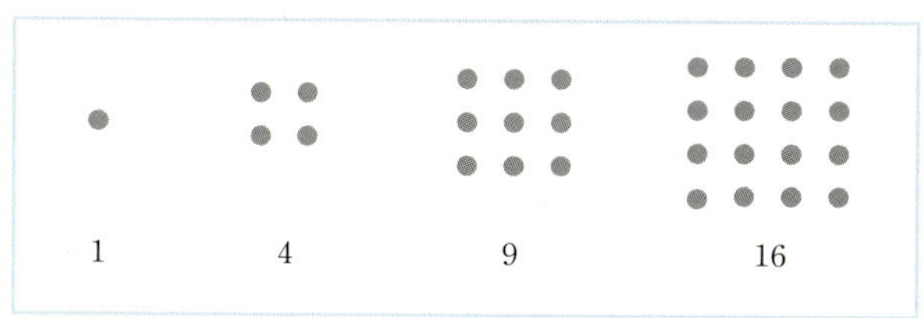

그러면 동그라미의 개수가 1, 4, 9, 16…… 이렇게 늘어
난다. 재미있다. 사각수의 규칙성은 금방 드러난다. 모두
제곱수, 1^2, 2^2, 3^2, 4^2…… 이다. 이건 정사각형의 넓이와
마찬가지가 아닌가! 자, 여기까지는 설명을 들으면 별것 아
니라고 생각하기 쉽다. 하지만 사각수를 발견한 사람이 누
군가. 피타고라스 아닌가. 그래서 피타고라스는 한걸음 더
나아간다. 사각수를 통해 연이은 홀수의 합은 늘 제곱수라
는 사실, 즉 사각수라는 사실을 발견해 낸 것이다.

$$1=1=1^2$$
$$1+3=4=2^2$$
$$1+3+5=9=3^2$$
$$1+3+5+7=16=4^2$$
$$\cdots\cdots\cdots\cdots\cdots\cdots$$

이렇게 된다. 피타고라스는 이 규칙을 아래 그림을 통해 발견하게 되었다고 한다.

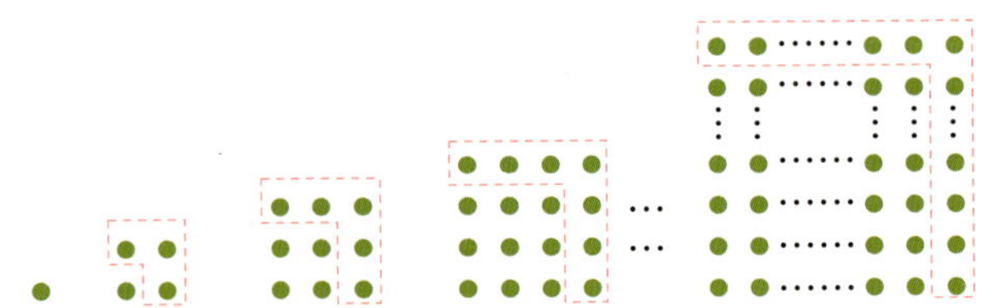

그림의 점선에 들어가 있는 수가 계속 더해지면 더해질수록 제곱수가 되어 가는 것을 피타고라스는 다음과 같은 공식으로 만들어 버렸다.

$$1+2+3+\cdots\cdots+(2n-1)=n^2$$

이 정도 되면 피타고라스가 좀 징그러워진다. 아무래도 그는 늘 아침에 일어나서 수를 생각하고, 잠들기 전까지 수를 생각하는 사람이었던 것 같다. 피타고라스는 내친 김에 삼각수와 사각수 사이에도 일정한 법칙이 있다는 사실, 즉 연속된 삼각수의 합은 사각수, 즉 제곱수가 된다는 사실까지 발견해 냈다. 우리는 조금 전 삼각수가 1, 3, 6, 10, 15……로 되는 것을 살펴보았다. 1과 3을 더하면 4, 즉 2의 제곱이다. 3과 6을 더하면 9, 즉 3의 제곱이다. 10과 15를 더하면 25, 즉 5의 제곱이다. 이 정도면 전율을 느끼게 된다. 필자는 이 대목에서 결론을 내렸다. 피타고라스는 수에 미친 사람이었다!!

이렇게 생각하고 나니, 피타고라스 학파가 10을 가장 이상적이고 성스러운 수로 간주한 것도 예사롭게 생각되질 않는다. 10은 연속된 정수 1, 2, 3, 4의 합임과 동시에 성스러운 삼각형도 이루고 있기 때문이다. 그래서 그들은 우주의 만물을 홀수와 짝수, 경계가 있는 것과 없는 것, 오른쪽과 왼쪽, 하나와 다수, 여성과 남성, 선과 악과 같은 열 개의 범주로 기술할 수 있어야 한다고 주장했던 것이다. 그들은 정말 사이비 종교 집단처럼, 뭔가 으스스하기까지 할 정도로 수에 대한 강박관념을 가지고 있었던 것 같다. 들어보니 실제로 이들의 이런 사고는 중세 유럽에 전승되어 종교적 신비로 이어졌다고 한다.

하지만 그렇다고 이들의 업적을 사소하게 생각해서는 안 된다. 오늘날의 과학은 피타고라스 학파에게 상당 부분 빚을 지고 있기 때문이다. 그들은 '자연의 수학적 유형을

발견하는 것이 진정한 과학이고, 사람은 이성을 통해서 이를 이룰 수 있다'는 합리주의 정신을 낳았다. 그리고 이것이 오늘날의 눈부신 과학적 발전을 이룰 수 있는 토대가 되었던 것이다. 좀 으스스하지만 인정할 건 인정하자.

사족처럼 덧붙이면 수에 대한 집착이라고 해야 할까, 강박관념이라고 해야 할까, 이런 것들을 천재 수학자들은 다 가지고 있었던 모양이다. 인도의 천재 수학자 라마누잔도 그런 경우였나 보다. 어떤 수학자가 병석에 있는 라마누잔의 병문안을 갔다고 한다. 그 수학자는 라마누잔에게(아무래도 수학자들끼리니까 그런 이야기가 나왔겠지만) 자신이 타고 온 자동차의 번호는 '1729'였는데, 별로 특색이 없는 수였다고 말했단다. 그에 대한 라마누잔의 대답이 놀랍다. "오! 대단한 수인데요? 그건 두 개의 세제곱수의 합으로 나눌 수 있는 최초의 수 아닙니까? $1729 = 10^3 + 9^3 = 12^3 + 1^3$ 이잖아요." 할 말이 없다. 이쯤 되면 수에 대한 강박 관념이 아니라, 수를 척 보면 그 수가 지닌 본질적인 성질을 찾아내는 데 빼어난 재능을 가지고 있었다고 얘기해야 할 것 같다. 이런 이야기는 이제 이쯤 해 둘까?

앞에서 피타고라스 학파의 으스스한 분위기는 잘 전달되었으리라고 믿는다. 그 때문인지 피타고라스 학파에 관한 전설 비슷한 이야기가 전해져 온다. 필자의 작가적 상상력을 발휘, 약간 각색을 하여 이야기를 해 보겠다.

바다 한가운데 조용히 떠 있는 배 한 척. 그 위에서 일군의 무리가 한 사람을 둘러싸고 얼굴을 붉히며 고함을 지른다. 그러다가 누군가의 손짓에 따라 사람들은 그 한 사람을 밧줄로 묶고는 커다란 돌덩어리를 매달아 검푸른 바다로 던져 버린다. 배는 아무 일 없다는 듯 다시 해안으로 돌아온다. 배에 타고 있었던 사람들은 모두 피타고라스 학파의 사람들. 도대체 무슨 일이 있었던 것일까? 요즈음 '공소 시효’라는 문제를 제기한 영화 「살인의 추억」이라든가 「그놈 목소리」의 범인처럼 완전 범죄가 가능했을까? 이 명백한 살인 사건의 배후에는 놀랍게도 수학의 정리가 있었다.

사모스 섬의 헤라 신전을 거닐다가 그 유명한 ‘피타고라스의 정리’를 발견해 낸 피타고라스, 뿌듯한 마음에 틈만 나면 신전으로 달려가 자신의 정리를 확인하고 또 확인하였으리라. 얼마나 뿌듯하였을까? 만날 꼴등하던 학생이 학기말고사에서 20등쯤 오른 성적표를 받았다고 하자. 그 성적표를 앞에 놓고 보고 또 보고 했겠지! 그런 심정과 비슷했을 것 같다. 그러던 어느 날, 피타고라스는 하늘이 무너지는 것 같은 일을 당하게 된다. 그것도 아주 우연한 장난 때문에.

어떤 장난이었는고 하면, 그는 정사각형의 빗변의 길이를 정수의 비로 나타내 보려고 했던 것이다. 그런데 모르는 게 약이고 유식이 병이었다. 유식하게 말하면 ‘정사각형의 대각선의 길이는 정수의 비로 나타낼 수 없다’는 충격적인 결론, 한마디로 하자면 정사각형의 대각선의 길이가 무리수였기 때문이다(이건 증명이 좀 어렵다. 박스에 넣어 놓은 증명을 참고해라).

〈정사각형의 빗변의 길이는 정수의 비로 나타낼 수 없다.〉

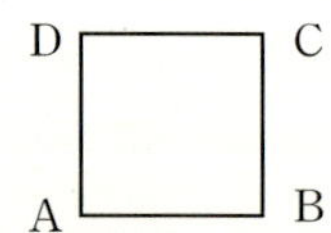

정사각형 A, B, C, D의 대각선 AC가 변 AB와 공통의 길이
로 잴수 있다고 하자. 그리고, 이것들의 길이를 나타내는 값들
사이에 공약수가 있을 때는 이것으로 나누어 서로 소(素)가 되
도록 한다. 이러한 두 값을 a, b로 하면,

$$AC^2 : AB^2 = a^2 : b^2 \ (a > b)$$

라는 관계가 성립하고, 또, 피타고라스 정리에 의하여

$$AC^2 = AB^2 + BC^2, \ BC = AB 이므로 AC^2 = 2AB^2$$

따라서, $a^2 = 2b^2 \ \cdots\cdots \ (1)$

(1)에서 a^2는 짝수이므로 a는 짝수이다. a와 b는 서로 소이기 때
문에 b는 홀수가 된다. a가 짝수이므로 $a = 2c$로 놓으면, (1)로
부터, $4c^2 = 2b^2$, 즉, $b^2 = 2c^2$ 이므로 b^2은 짝수이다. 따라서 b
는 짝수가 되어야 한다.

그런데 b는 홀수였으므로 이것은 모순이다. 그러므로 AC와
AB를 공통의 길이로 잴 수 있다고 한 가정은 성립하지 않는다.
즉, 이 둘을 공통으로 재는 길이는 존재하지 않는다.

이것은 정사각형에서 (대각선의 길이) : (변의 길이) $= a : b$와 같이
되는 서로소인 자연수 a, b는 존재하지 않는다는 것을 말한다.

어디, 좀 쉽게 설명해 볼까? 한 변의 길이가 1인 정사각
형이 있다. 그러면 대각선의 길이는 얼마일까? 피타고라스

가 증명한 피타고라스의 정리를 활용해 보자. 대각선을 기준으로 하여 정사각형을 나누면 밑변의 길이가 같은 직각삼각형이 나오는데, 그 직각삼각형의 빗변의 길이는 피타고라스의 정리를 이용하면 간단하게 구할 수 있다. 즉, $1^2+1^2=x^2$ 즉, $x^2=2$이므로 제곱해서 2가 되는 수를 구하면 되는 것이다.

문제는 바로 이것, '제곱해서 2가 되는 유리수가 있겠는가?' 라는 것에서 시작된다. 그렇다. 피타고라스는 엉겁결에 무리수를 발견한 것이다. 하지만 그는 그 수를 표기할 방법을 알지 못했다. 지금이야 제곱근을 나타내는 $\sqrt{}$ 가 있어서 $\sqrt{2}$라고 쓰지만, 루트라는 기호는 16세기에 처음으로 사용되었으니 피타고라스 시절에는 없었던 것이 당연하다. 소문자 r의 모양을 약간 변형시켜 만든 이 기호는 라틴어에서 '뿌리' 혹은 '근' 을 의미하는 radix라는 단어에서 가져온 것이다. 수로서는 정수(자연수)만 인정해 왔고 세상 만물은 정수와 정수의 비율만으로 설명이 가능하다고 생각했던 피타고라스와 피타고라스 학파로서는 정수 또는 정수의 비로 나타낼 수 없는 수, 아주 골 때리는 수를 만나게 된 것이다. 이건 놀라거나 당황하는 정도가 아니라 피타고라스가 주장하는 근본 원리를 송두리째 뒤흔드는, 그야말로 마른 하늘에 날벼락 같은 수준의 사건이었다.

무리수 $\sqrt{2}$는 소수로 표현하면 1.41421356······ 이렇게 나가는데 이는 순환하지 않는 무한소수이다. 따라서 분수로 바꿀 수 없기 때문에 정수의 비율로도 표현할 수가 없다. 앞에서 이야기했던 것을 떠올려 봐라. 무한소수라도 순환소수는 분수로 바꿀 수가 있다. 정수의 비율로 표현할 수가 있기 때문이다. 앞서 설명했듯이, 0.333333······은 비록 무한소수지만 3이라는 숫자가 순환하기 때문에 $\frac{1}{3}$이라고 정수의 비로 표현할 수가 있다. 그래서 유리수이다. 피타고라스는 '모든 수는 정수의 비로 표현할 수 있다'고 생각했고 또 그렇게 가르쳐 왔다. 그는 '정수의 비로 표현할 수 없는 수는 없다'고 믿었는데, 무리수 $\sqrt{2}$가 갑자기 어디선가 나타난 것이다.

이런 수(數)가!
우리의 학문에 오류가 있다는 사실을 입 밖에 내지 말라!
호외예요! 호외! 알라곤(무리수)이 나타났다!
사내는 모름지기 입이 무거워야 하거늘.
풍덩

피타고라스는 고민에 고민을 거듭하다가 마침내 이 사실을 무덤까지 가져가기로 마음을 먹었다. 사실 당시에 피타고라스 학파만큼 수학에 뛰어난 사람들이 어디 있었겠는가? 그는 입단속만 잘 하면 정수로는 표현할 수 없는 골 때리는 수, 즉 무리수의 존재를 영원히 은폐할 수 있을 것이라고 생각했다. 그래서 학파 사람들을 다 모아 놓고 무리수를 '입 밖에 내어서는 안 되는 수'라고 못을 박았다. 그들은 무리수를 '알로곤'이라고 불렀는데 이는 곧 not a ratio, 즉 '비율이 아니다'라는 뜻임과 동시에, '말할 수 없음'이라는 뜻도 가지고 있다. 우리가 무리수를 irrational number, 즉 '비이성적인 수'라고 부르는 것과 비슷한 맥락이다. 하여간에 피타고라스는 그 사실을 세상 사람에게 알리면 뒤끝이 안 좋을 거라고 학파 사람들을 협박했을지도 모른다. 인류 역사를 뒤적여 보면 자신의 손해를 감수하고서 진실을 알리는 방법 대신, 끔찍한 독단의 길을 택하는 경우가 종종 있다. 피타고라스는 아마 후자에 해당하는 인물이었던 것 같다.

그러나 인간사에는 꼭, 진실의 편에 서는 사람들이 있기 마련이다. 아니 어쩌면 진실을 밝히고자 하는 신념을 가진 사람이 아니라 입이 근질근질해서 도저히 참을 수 없는 인간일지도 모른다. 피타고라스가 죽은 후 얼마간의 세월이 지나자 피타고라스학파의 일원 중 누군가가 '입 밖에 내어서는 안 되는 수'를 여기저기에 알리고 다녔던 모양이다. 진노한 피타고라스 학파의 사람들은 고심 끝에 세상의 질서를 흩뜨리는 것보다는 한 사람의 목숨을 거두는 것이 좋다는 결론을 내렸다. 그래서 그들은 조용히 그 내부 고발자를 배에 태워 바다 한가운데에서 제거하기에 이른다. 그 사람의 이름은 히파수스이고, 사건명은 이른바 '$\sqrt{2}$ 살인 사건', 즉 무리수 살인 사건이다. 여기까지가 필자가 추론한 무리수 살인 사건의 전모이다. 무슨 추리소설을 읽는 것 같지 않은가? 믿거나 말거나.

이처럼 피타고라스 학파 사람들에게 '신이 버린 수' 처럼 취급되었던 것이 바로 무리수였다. 그 이유는 피타고라스 학파 사람들이 '정수' 를 중심으로 사고했기 때문이라고 말했다. 그들은 비록 무리수의 존재를 알고 있었지만 애써 은폐했던 것이다. 반면 지금으로부터 4,000년 전 메소포타미아 지역의 사람들은 이미 상당히 정확한 수준까지 $\sqrt{2}$의 근삿값을 구해낸 것으로 전해진다. 어떻게 알아내었을까? 다음 페이지의 사진을 좀 보자!

이것은 메소포타미아에서 발견된 점토판이다. 물론 사진으로 봐서는 무슨 내용인지 알 수 없다. 쐐기문자로 적혀 있는 데다가 사진 상태도 별로 안 좋기 때문이다. 그래서

그 옆에 수학자들이 쐐기문자를 해독한 결과를 함께 적어 놓았으니, 이는 한 변의 길이가 30인 정사각형을 의미한 다. 그러니 a는 당연히 한 변의 길이고, c는 대각선의 길이 이다. 그럼 b는 무엇이고, 이 수는 왜 적어 놓은 것일까?

수학자들은 이 점토판을 연구하다 경악을 금치 못했다. 우리는 앞에서 메소포타미아의 숫자 체계가 60진법이었다 는 것을 배웠고, 60진 분수에 대해서도 배웠다. 그것을 참 고해 보면, 숫자 b, 즉 1;24 51 10은 $1+\dfrac{24}{60}+\dfrac{51}{60^2}+\dfrac{10}{60^2}$

임을 알게 된다. 그리고 c, 즉 42;25 35는 $42+\dfrac{25}{60^2}+\dfrac{35}{60^2}$

임도 알 수 있다. 복잡한 계산은 수학자들이 해놓았으니 결과부터 얘기하자. 메소포타미아의 점토판은 a와 b 그리고 c, 이 세 숫자 간의 관계를 표시해 놓은 것으로 $ab=c$를 의미하는 것이다.

무슨 뜻일까? a는 정사각형의 한 변의 길이이고 c는 정사각형의 대각선의 길이라는 것을 대충 감으로 알 것 같은데, 그럼 b는 뭔가. 수학자들이 경악을 금치 못한 것은 바로 이 b 때문이다. b를 계산하면 1.41421이 나온다. 어디서 많이 본 수라고 생각할 수도 있다. 그렇다. 바로 $\sqrt{2}$의 값이다. 4,000년 전 메소포타미아 사람들은 $\sqrt{2}$의 값을 소수점 아래 다섯째 자리까지 거의 정확하게 셈할 줄 알았다는 것이니, 정말 경악을 금치 못할 놀라운 이야기이다.

그러면 자연히 정사각형의 대각선의 길이는 '한 변의 길이가 1인 대각선 x의 길이는 x는 $\sqrt{2}$' 라고 나온다. 메소포타미아의 점토판은 그 사실을 기록해 놓은 것이다. 메소포타미아 사람들은 무리수의 존재를 알았으므로 '한 변의 길이가 1인 정사각형의 대각선의 길이는 정수의 비(유리수)로 표현할 수 없다' 는 사실에 피타고라스 학파의 사람들처럼 놀라거나 당황했을 것 같지도 않다. 그들은 알고 있었던 것이다. 무리수 $\sqrt{2}$의 아주 정밀한 근사값을!!

이렇게 우리는 어느 틈에 자연수 체계부터 시작해서 정수 체계, 유리수 체계를 거쳐 마침내 실수 체계를 깨닫게 됐다. 자! 여기에서 한번 정리해 보자. 먼저 1, 2, 3, 4, 5, 6, 7, 8……이렇게 진행되는 체계가 자연수의 체계이고, 여기에 0이 발견되고 음수가 정착되면서 ……−3, −2,

−1, 0, 1, 2, 3…… 이렇게 확장되는 체계가 정수 체계이다. 하지만 우리가 배운 것이 또 있다. 정수의 사이사이에 정수의 비로 표현되는 유리수들이 빼곡하게 들어찰 수 있다는 사실! 즉, $\frac{1}{2}$, $\frac{1}{3}$, $\frac{2}{3}$, $\frac{1}{4}$, $\frac{3}{4}$…… 처럼 분수로 표현될 수 있는 수(혹은 유한소수나 순환소수로 표현할 수 있는 수)들이 정수와 정수 사이의 빈틈을 채우고 있는 것이니, 이것이 바로 유리수 체계이다. 아, 여기에서 수의 체계가 끝났으면 얼마나 좋았을까마는 그에 덧붙여 '정사각형의 빗변의 길이' 처럼 정수의 비로 표현할 수 없는 수가 있다는 사실을 우리는 알게 되었으니, 이것이 곧 '무리수' 이다. 이러한 유리수와 무리수를 모두 포함한 수 체계를 가리켜 우리는 '실수' 라고 부른다. 드디어 수직선을 빼곡하게 채워 넣을 수 있는 수 체계, 실수 체계를 다 알게 된 것이다.

　그러나 실수 체계가 끝이 아니다. 허수라는 수가 있고, 그 허수와 실수를 합한 복소수 체계가 있다는 것을 미리 알려 두겠다. 다만 마지막으로 이거 하나만 정리해 놓자. 실수의 특성은 대소 구분이 가능하고, 제곱하면 언제나 0보다 크거나 같다는 사실 말이다.

13 도대체 뭐 이런 수가 있어?
-복소수의 발견

12세기 인도의 수학자인 바스카라는 이렇게 말했다. "양수의 제곱은 물론이고, 음수의 제곱도 양수이다. 그리고 양수의 제곱근은 양수와 음수 두 개이다. 음수는 제곱수가 아니므로 음수의 제곱근은 없다." 맞는 말이다. 정말 박수라도 쳐 주고 싶다. 우리는 실수 체계에 너무나 익숙하기 때문에 제곱해서 음수가 되는 수란 사실 상상도 할 수 없다. 그래서 학생들은 i라는 기호, 즉 $i=\sqrt{-1}$이라는 정의를 만나면 넋을 놓을 수밖에 없다. 저 식의 양변을 제곱하면 $i^2=-1$이 되기 때문이다. 제곱해서 음수가 되는 수가 있다니 도무지 이해하기 어려운 것은 당연하다.

그런데 이탈리아의 수학자 카르다노는 그의 방정식에 관한 논문 「위대한 술법」에서 음수의 제곱근을 '가공의' 양$(+)$이라고 부르며 언급해 놓았다. $x+y=10$과 $xy=40$을 풀어서 두 개의 이상한 해인 $5+\sqrt{-15}$와 $5-\sqrt{-15}$를 구해 내고서는, "이것이 전혀 쓸모가 없다"는 결론을 내린 것이다. 전혀 쓸모가 없으면 기록이나 해 두지 말지, 어쨌거나 카르다노는 음수의 제곱근을 기록함으로써 결국 그 존재를 입증한 셈이 되었다. 나중에 세월이 흐른 다음 수학자들은 $\sqrt{-1}$과 같은 표현에 '허수' 라는 이름을 붙였고, 적절한 표현은 아니지만 17세기 데카르트가 이렇게 부른 뒤로 굳어져 버렸다.

복소수는 여러 가지 측면에서 실수와 비슷하기 때문에, 실수가 갖는 성질 중에는 복소수의 연산에서도 그대로 성립되는 것들이 많다. 하지만 수의 체계상 복소수 체계가 실수 체계보다 더 크기 때문에 그대로 성립되지 않는 경우 역시 많다. 가령 정수 체계에서는 성립하는 성질이 더 큰 체계인 실수 체계에서는 성립하지 않는 경우가 있는 것이다. 두 실수의 합이 정수가 되지 않는 경우가 그런 경우에 해당하는데, 마찬가지의 경우를 실수 체계와 복소수 체계에서 찾아볼 수 있다.

가령 근호의 계산에서 곱셈의 법칙은 이렇다. $\sqrt{a}\sqrt{b}=\sqrt{ab}$다. 이 법칙은 a와 b가 모두 음이 아닌 실수일 때 성립한다. 그러나 복소수에서는 $\sqrt{-4}\sqrt{-9}$는 $\sqrt{36}$, 즉 6이 아니다. 실제로는 $(2i)(3i)=6i^2=6(-1)=-6$이 된다. 수 체계 중에서 복소수 체계를 가장 나중에 배우게 되는 이유가 다른 데 있는 것이 아니다. 복소수는 이처럼 매우 추상화되고 논리적인 절차에 따라 이론적으로 도출된 수라서 납득하기가 어렵기 때문이다.

그렇다고 복소수가 또 아무 쓰임새가 없는 수는 결코 아

니다. 수학자들은 복소수의 성질을 다양하게 응용했는데, 가령 원자 물리학에서 원자 입자의 상태를 나타내는 방정식의 해는 복소수로 표현된다. 또한 복소수는 과학이나 공학적 현상에서 힘의 작용을 나타내는 벡터의 모델로 사용되기도 한다. 게다가 실수와 허수를 합친 복소수를 좌표로 다루는 기하학인 복소기하학은 우주의 차원을 규명하는 데 빼놓을 수 없는 학문으로 꼽힌다. 이처럼 어렵지만 반드시 필요한 수 체계가 복소수 체계이니 기억하기 바란다.

인간은 자신이 생각하는 것들을 만들어서 남에게 보여주고 싶고, 들려주고도 싶고, 먹여주고 싶어 하는 본능을 가지고 있다. 앞에서 말한 '수학의 황제' 가우스는 복소수를 표현하고 싶어서 좌표평면 위에 다음과 같이 나타냈다. 가령 복소수 $4+3i$는 가로축을 실수축, 세로축을 허수축으로 삼아 그림처럼 표시하였다. 즉, 같은 평면이건만 데카르트는 좌표평면으로 가우스는 복소평면으로 생각하여 활용했던 것이다.

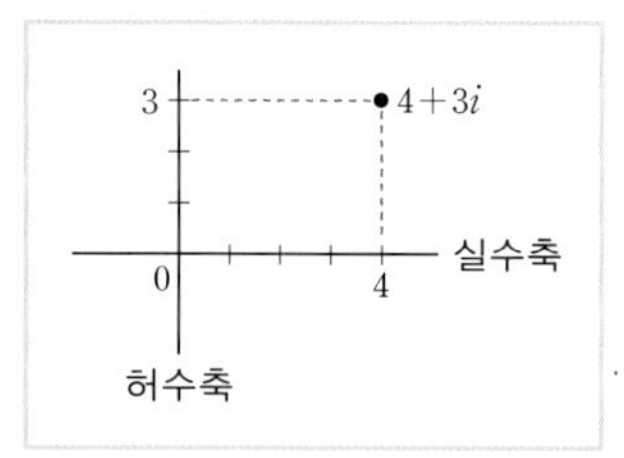

지금까지 우리는 아주 오래전 '수'라는 관념을 깨달은 우리의 선조들을 떠올리며 수(數)에 관한 모험을 시작하여 복잡한 복소수의 세계까지 탐험해왔다. 때로는 초보적인 수관념을 가진 원시인들(?)에 위안을 받기도 하고 피타고라스나 가우스, 유클리드같은 수학의 천재들이 남긴 업적을 통해 신비한 수의 세계에 대해 감탄하기도 했다. 그러면서 수학이 그토록 골치 아픈 학문만은 아니라는 것을 깨달았으리라 믿는다. 이제부터다. 우리 인류가 천천히 수학을 발전시켜왔던 것처럼, 원리를 깨닫고 무한한 호기심을 가지고 수학의 세계에 흠뻑 빠져보라. 때로는 골치 아프겠지만, 예상치 못했던 즐거움과 신비함이 눈앞에 펼쳐질 것이다. Good luck!!

읽다보면 어느새 수학의 도사가 되는 **정말 쉬운 수학책 1**

펴낸날	**초판 1쇄 2007년 10월 9일**
	초판 5쇄 2016년 1월 28일
지은이	**계영희 · 강호**
그린이	**오영**
펴낸이	**심만수**
펴낸곳	**(주)살림출판사**
출판등록	1989년 11월 1일 제9-210호
주소	**경기도 파주시 광인사길 30**
전화	**031-955-1350** 팩스 **031-624-1356**
홈페이지	http://www.sallimbooks.com
이메일	book@sallimbooks.com
ISBN	978-89-522-0694-7 04410(1권)
	978-89-522-0693-0 04410(세트)

살림Math는 (주)살림출판사의 수학·과학 브랜드입니다.

※ 값은 뒤표지에 있습니다.
※ 잘못 만들어진 책은 구입하신 서점에서 바꾸어 드립니다.